Wissenschaftliche Taschenbücher

WTB

Biologie

Eberhard Hofmann

Enzyme und energieliefernde Stoffwechselreaktionen

Dynamische Biochemie

Teil II

Akademie-Verlag · Berlin
Pergamon Press · Oxford
Vieweg + Sohn · Braunschweig

WTB Wissenschaftliche Taschenbücher

ROLF BORSDORF / MANFRED SCHOLZ
Spektroskopische Methoden in der organischen Chemie

WERNER HABERDITZL
Magnetochemie

GERHARD HEBER
Mathematische Hilfsmittel der Physik, Teil I und II

A. A. SOKOLOW
Elementarteilchen

HERBERT GOERING
Elementare Methoden zur Lösung von Differentialgleichungsproblemen

HEINZ AHRENS
Varianzanalyse

HANS-JÜRGEN TREDER
Relativität und Kosmos
Raum und Zeit in der Physik, Astronomie und Kosmologie

ALBERT EINSTEIN
Grundzüge der Relativitätstheorie

ALBERT EINSTEIN
Über die spezielle und die allgemeine Relativitätstheorie

GÜNTHER LUDWIG
Wellenmechanik. Einführung und Originaltexte

HARRY PAUL
Lasertheorie, Teil I und II

FRANZ RUDOLF KESSLER
Einführung in die physikalischen Grundlagen der Kernenergiegewinnung

EBERHARD HOFMANN
Eiweiße und Nucleinsäuren als biologische Makromoleküle
Dynamische Biochemie, Teil I

EBERHARD TEUSCHER
Pharmakognosie, Teil I und II

D. TER HAAR
Quantentheorie. Einführung und Originaltexte

J. H. SANDERS
Die Lichtgeschwindigkeit. Einführung und Originaltexte

JEAN KUNTZMANN
Unendliche Reihen
Mathematische Hilfsmittel der Physik und Chemie
Mit 94 Übungen und 29 Aufgaben

JEAN KUNTZMANN
Systeme von Differentialgleichungen
Mathematische Hilfsmittel der Physik und Chemie
Mit 88 Übungen und 40 Aufgaben

JEAN KUNTZMANN
Komplexe Veränderliche
Mathematische Hilfsmittel der Physik und Chemie
Mit 90 Übungen und 37 Aufgaben

FERDINAND CAP
Einführung in die Plasmaphysik
I. Theoretische Grundlagen
— insgesamt 3 Bände —

J. A. ROSANOW
Wahrscheinlichkeitstheorie

HARRY PFEIFER
Theorie linearer Bauelemente
Elektronik für den Physiker I

HARRY PFEIFER
Die Elektronenröhre
Elektronik für den Physiker II

HARRY PFEIFER
Schaltungen mit Elektronenröhren
Elektronik für den Physiker III

SIEGFRIED HAUPTMANN
Über den Ablauf organisch-chemischer Reaktionen

GERHARD HÜBNER/KLAUS JUNG/ECKART WINKLER
Die Rolle des Wassers in biologischen Systemen

STEPHEN G. BRUSH
Kinetische Theorie, Teil I und II
Einführung und Originaltexte

HARRY PFEIFER
Leitungen und Antennen
Elektronik für den Physiker IV

HARRY PFEIFER
Mikrowellenelektronik
Elektronik für den Physiker V

HARRY PFEIFER
Halbleiterelektronik
Elektronik für den Physiker VI

PETER KRUMBIEGEL
Isotopieeffekte

EBERHARD HOFMANN
Enzyme und energieliefernde Stoffwechselreaktionen
Dynamische Biochemie, Teil II

Vorschau auf die nächsten Bände:

D. M. BRINK
Kernkräfte. Einführung und Originaltexte

HERBERT GOERING
Elementare Methoden zur Lösung von Differentialgleichungsproblemen

DIETER ONKEN
Steroide
Zur Chemie und Anwendung

WTB

BAND 37

Eberhard Hofmann

Enzyme und energieliefernde Stoffwechselreaktionen

Dynamische Biochemie II

2., überarbeitete Auflage

Mit 30 Abbildungen

AKADEMIE-VERLAG · BERLIN

PERGAMON PRESS · OXFORD

VIEWEG + SOHN · BRAUNSCHWEIG

Reihe BIOLOGIE

Herausgeber:
Prof. Dr. H. Borriss, Greifswald
Prof. Dr. E. Hofmann, Leipzig
Prof. Dr. J. O. Hüsing, Halle/Saale
Prof. Dr. W. Schwartz, Hamburg

Verfasser:
Prof. Dr. Eberhard Hofmann
Leipzig

ISBN 3 528 06037 9

1972

Lizenznummer: 202 · 100/554/72
Herstellung: VEB Druckerei „Thomas Müntzer" 582 Bad Langensalza
Bestellnummer: Akademie-Verlag 7037 · EDV: 761 396 3
Pergamon Press 080 175 75 9
Vieweg + Sohn 60 37
Printed in German Democratic Republic

Inhaltsverzeichnis

1. Katalyse und Enzyme

Die Bedeutung der Katalyse und der Katalysatoren in der belebten Natur ist sehr groß, da nahezu jede im Organismus ablaufende chemische Reaktion durch einen Katalysator in Gang gebracht und gesteuert wird. Die Katalysatoren der belebten Welt sind Eiweiße. Sie werden Enzyme oder Fermente genannt.

Was versteht man unter den Begriffen Katalyse oder Katalysator? BERZELIUS, der erstmals eine naturwissenschaftliche Definition des Katalysators zu geben versuchte, verstand darunter einen Stoff, der durch seine alleinige Gegenwart chemische Reaktionen hervorrufen kann, die ohne ihn nicht stattfinden würden. OSTWALD schränkte diese Definition etwas ein, indem er einem *Katalysator* lediglich die Beschleunigung eines an sich langsam verlaufenden chemischen Vorganges zuschrieb.

Eine wichtige Eigenschaft der Katalysatoren muß bei der Definition mit berücksichtigt werden. Es hat sich nämlich erwiesen, daß ein Katalysator nicht nur die Reaktionsgeschwindigkeit vergrößert, ohne im Endprodukt zu erscheinen, sondern daß ein *Katalysator* eine *chemische* Reaktion auch in bezug auf *ihre Richtung* beeinflußt. So ergibt, je nach der Wahl des Katalysators, Kohlenmonoxyd mit Wasserstoff entweder Methan oder Methylalkohol. Eine Definition, die diese Eigenschaften charakterisiert, ist die, daß ein *Katalysator*, ohne selbst im Endprodukt zu erscheinen, *eine chemische Reaktion oder Reaktionsfolge durch seine Gegenwart nach Richtung und Geschwindigkeit bestimmt* (MITTASCH). Diese Definition trifft auch für die im Organismus wirkenden Katalysatoren zu. Sie bezeichnet man, wie bereits erwähnt, als

Fermente oder Enzyme („Fermentum“, Brausstoff, Gärstoff). Im Jahre **1833** erkannten PAYEN und PERSOZ eine enzymatische Wirkung, als sie fanden, daß ein Alkoholniederschlag aus Malzextrakt eine thermolabile Substanz enthält, die Stärke in Zucker umwandeln konnte. Sie nannten dieses Agens Diastase. SCHWANN erkannte 1837, daß Hefe aus lebenden Zellen besteht, die die alkoholische Gärung auslösen können. Danach führte man den Begriff des sog. „organisierten Fermentes“ ein. Man stellte die in einer lebenden Zelle vorkommenden „Fermente“ den löslichen, nicht organisierten Fermenten, wie sie sich in den Verdauungssäften befinden, gegenüber. Diese wurden mit dem Begriff „Enzym“ belegt (KÜHNE, 1878). Als sich jedoch durch die bahnbrechenden Arbeiten von BUCHNER (1897) herausstellte, daß man aus Hefezellen das die Gärung bewirkende Agens herauslösen kann, d. h. daß eine Gärung ohne die Beteiligung lebender Zellen möglich ist, wurde die Unterscheidung zwischen „Ferment“ und „Enzym“ überflüssig. Seither werden beide Worte synonym gebraucht. Enzyme oder Fermente sind also katalytisch wirksame Eiweiße.

Im folgenden seien einige charakteristische Eigenschaften der Enzyme und der durch sie katalysierten Reaktionen besprochen.

1.1. *Triebkraft einer chemischen Reaktion und Aktivierungsenergie*

Die Triebkraft einer chemischen Reaktion ist die Größe der *freien Enthalpie* ΔG (s. Kapitel Biochemische Thermodynamik). Bei einer spontan ablaufenden Reaktion ist ΔG negativ, d. h. diese Reaktion verläuft unter Abgabe von Energie in Form von nutzbarer Arbeit. Ist ΔG positiv, dann muß zum Ablauf der Reaktion Energie aufgewandt werden. Die Lage des Gleichgewichtes und die Größe der Gleichgewichtskonstanten K hängen von der freien Enthalpie wie folgt ab:

$$-G_0 = R \cdot T \ln K$$

Es ist eine allgemeine Erfahrung, daß bei negativem ΔG und trotz großer Unterschiede im Energieinhalt von Ausgangssubstanz und Endprodukt die Reaktion nicht ablaufen braucht. Vor dem Ablauf einer Reaktion muß häufig eine *Reaktionsträgheit* überwunden werden, indem man dem System einen bestimmten Energiebetrag von außen zuführen muß. Zucker muß man erhitzen, ehe er zu verbrennen beginnt, Wasserstoff verbrennt in einer Sauerstoffatmosphäre erst nach dem Überspringen eines Funkens usw. Man bezeichnet die zum Ablauf einer chemischen Reaktion notwendige Energie, ohne die die Reaktion trotz ihrer thermodynamischen Möglichkeit nicht in Gang kommt, als *Aktivierungsenergie.* Diese dient zur Überwindung der Reaktionsträgheit. Ein Katalysator hat die Fähigkeit, die Reaktionsbereitschaft zu erhöhen und die Aktivierungsenergie herabzusetzen. Ein Beispiel sei zur Erläuterung angeführt: Bei der Spaltung des Wasserstoffperoxydes in Wasser und Sauerstoff ist eine Aktivierungsenergie von 18000 cal/Mol nötig. Bei Verwendung von kolloidalem Platin beträgt die Aktivierungsenergie der Spaltung 11700 cal/Mol., bei Anwesenheit des Enzyms *Katalase* werden lediglich 5500 cal/Mol. als Aktivierungsenergie benötigt (Abb. 1). Die Größe der Aktivierungsenergie E_a einer Reaktion ergibt sich aus den gemessenen Reaktionskonstanten k bei verschiedenen Temperaturen T

$$E_a = -2{,}303\, R \frac{\Delta \log k}{\Delta T^{-1}}$$

Trägt man den Logarithmus der Reaktionsgeschwindigkeiten gegen die reziproken Temperaturen auf, so ergibt sich eine Gerade, deren Neigung den Wert E_a dividiert durch $-2{,}303\, R$ hat (Abb. 2). Der Wert von E_a liegt für die meisten biologischen Reaktionen zwischen 5 und 20 kcal/mol.

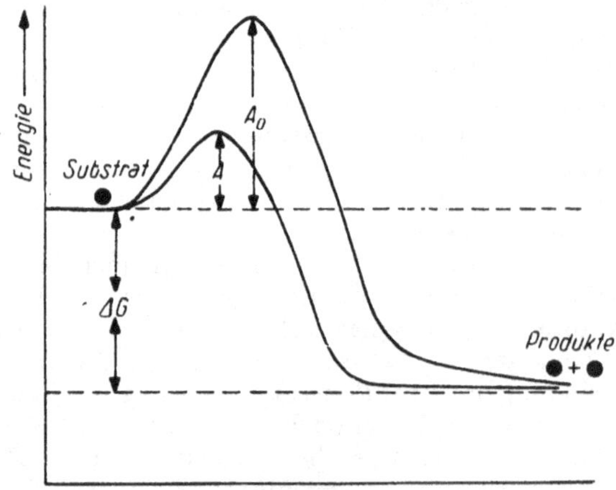

Abb. 1: Erniedrigung der Aktivierungsenergie durch einen Katalysator
A_0 = Aktivierungsenergie ohne Katalysator
A = Aktivierungsenergie mit Katalysator

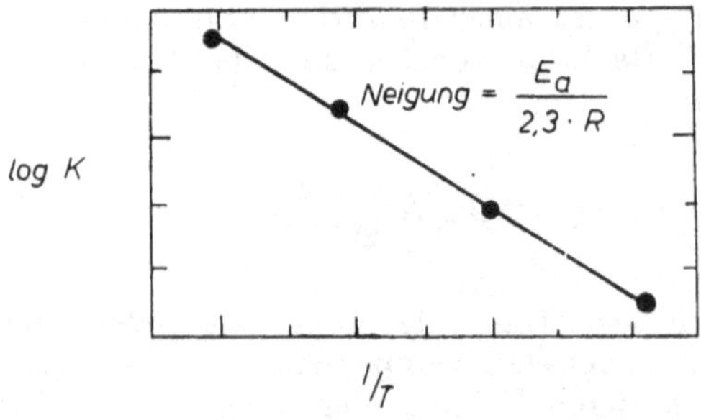

Abb. 2: Ermittlung der Aktivierungsenergie nach ARRHENIUS

Wäre k_m diejenige Geschwindigkeitskonstante, die gelten würde, wenn alle Zusammenstöße der Teilchen erfolgreich verlaufen würden (maximale Geschwindigkeitskonstante), so erhalten wir für die Konstante k

$$k = k_m \cdot e^{\frac{-E_a}{RT}}$$

Der Exponent bedeutet den Anteil der Moleküle im System, deren Energieinhalt gleich oder größer ist als die erforderliche Aktivierungsenergie. Die Gleichung demonstriert, daß bei gegebener Temperatur die Zahl der reaktionsfähigen Moleküle umgekehrt proportional zur Aktivierungsenergie ist.

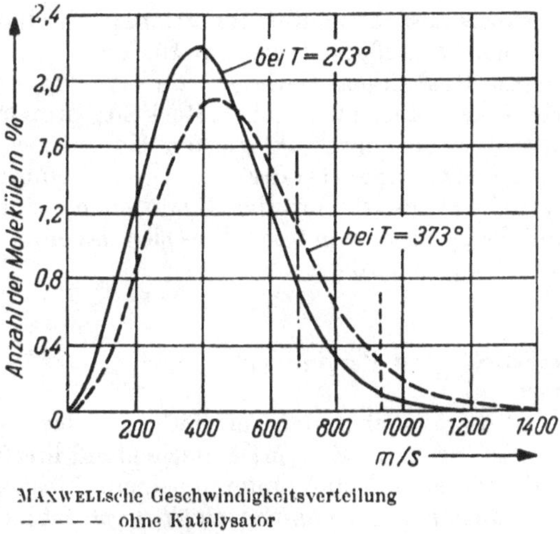

Abb. 3: MAXWELLsche Geschwindigkeitsverteilung
– – – – – ohne Katalysator
– · – · – · mit Katalysator

Die Erniedrigung der Aktivierungsenergie ist die Ursache für die Fähigkeit eines Katalysators, die Reaktionsgeschwindigkeit zu erhöhen. Entsprechend der *Energieverteilungskurve* besitzen die einzelnen Teilchen des

Systems unterschiedliche Energieinhalte (Abb. 3). Nur wenige Teilchen haben denjenigen Energieinhalt, d. h. die erforderliche Geschwindigkeit, daß bei ihrem Zusammenprall eine Reaktion einsetzt. Setzt ein Katalysator die Aktivierungsenergie herab, bedeutet das, daß die Zahl der zur Reaktion befähigten Teilchen bei Anwesenheit des Katalysators größer ist als ohne Katalysator. Dies führt zu einer Erhöhung der Reaktionsgeschwindigkeit. Ähnlich wirkt auch eine Temperatursteigerung; jedoch ist dieser Effekt unspezifisch und deshalb die Richtung der Reaktion nicht determiniert.

Da ein Katalysator Hin- und Rückreaktion einer chemischen Reaktion im gleichen Ausmaß beschleunigt, führt seine Wirkung zu keiner Veränderung des Gleichgewichtes.

Die Theorie „der absoluten Reaktionsgeschwindigkeiten" hat sich als äußerst fruchtbar für das Verständnis katalysierter Reaktionen erwiesen. Sie sagt aus, daß die Geschwindigkeit einer chemischen Reaktion proportional der Konzentration eines „aktivierten Komplexes" oder eines sog. „Übergangszustandes" ist. Dieser befindet sich jeweils im Gleichgewicht mit den Reaktionspartnern. Im Falle einer Enzymreaktion handelt es sich dabei um einen Enzym-Substrat-Komplex.

1.2. Enzym-Substrat-Verbindung

Was sind die Ursachen der Verminderung der Aktivierungsenergie durch ein Enzym? Entscheidend hierfür ist, daß das Enzym eine Verbindung mit seinem Substrat eingeht und einen sog. *Enzym-Substrat-Komplex* bildet. In dieser Verbindung kommt es zu einer von der Wirkungsweise und Spezifität des Enzyms abhängenden Lockerung bestimmter Bindungen im Substrat, die zu seiner Aktivierung führen. Dessen Reaktionsfähigkeit steigt dadurch an. Die Vorstellung von der Entstehung eines Enzym-Substrat-Komplexes, welcher kurzlebig ist und schnell in seine Bestandteile (das Enzym und die Reaktionsprodukte) zerfällt, wurde von MICHAELIS und MENTEN im Jahre 1913 auf Grund der kinetischen Analyse von Enzymreak-

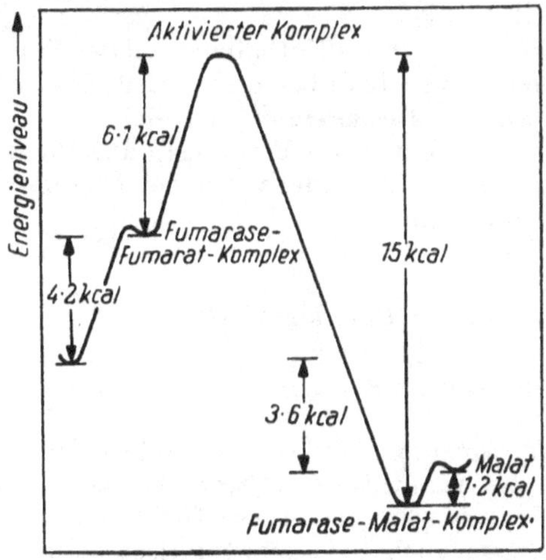

Abb. 4: Energetik der durch die Fumarase katalysierten Reaktion Malat ⇆ Fumarat (nach MASSEY und ALBERTY)

tionen entwickelt. Erst 40 Jahre nach diesen grundlegenden Arbeiten über die Wirkungsweise von Enzymen konnten bei einigen Enzymen direkt Enzym-Substrat-Verbindungen nachgewiesen werden. Dadurch fanden die Arbeiten von MICHAELIS und MENTEN eine glänzende Bestätigung.

Gegenwärtig stellt man sich eine Enzymreaktion bezüglich ihres Energieprofils und ihrer Teilschritte folgendermaßen vor: Wenn Substrat und Enzym miteinander reagieren, bilden sie zuerst einen lockeren Komplex, ehe sich der aktivierte Enzym-Substrat-Komplex bildet. Dieser unterliegt einer zweiten Aktivierung, dabei bildet sich der eigentliche Enzym-Substrat-Komplex. Er dissoziiert zum Enzym und Produkt, nachdem er einen dritten

Komplex mit bestimmtem Energieniveau durchschritten hat. Bei einer reversiblen Reaktion muß die Bildung eines Enzym-Produkt-Komplexes möglich sein und die Reaktionsfolge in der entgegengesetzten Richtung ablaufen können.

Die Abbildung 4 gibt das Enthalpieprofil der Fumarasereaktion wieder (Näheres über dieses Enzym s. S. 124).

In vielen Fällen ist es erwiesen, daß sich zwischen Enzym und Substrat kovalente Bindungen ausbilden (z. B. Bildung eines Acyl-Enzymderivates bei Chymotrypsin, Trypsin, Cholinesterase usw.).

1.3. Grundlagen der Reaktionskinetik

1.3.1. Reaktionsordnungen

Eine Voraussetzung für das Verständnis der Enzymwirkung ist die Kenntnis der Gesetzmäßigkeiten der allgemeinen Reaktionskinetik. Diese Gesetze liegen jeder chemischen, also auch jeder enzymatisch katalysierten Reaktion zugrunde.

Im Mittelpunkt der Reaktionskinetik steht die Reaktionsgeschwindigkeit. Man versteht darunter die Zahl der in der Zeiteinheit verschwindenden Moleküle des Ausgangsstoffes S bzw. die Zahl der in der Zeiteinheit entstehenden Moleküle des Reaktionsproduktes P.

$$S \rightarrow P$$

$$v = -\frac{\mathrm{d}s}{\mathrm{d}t} = +\frac{\mathrm{d}P}{\mathrm{d}t} \tag{1}$$

Liegt die Substanz S in der Konzentration c vor, dann ergibt sich

$$v = -\frac{\mathrm{d}c}{\mathrm{d}t} \tag{2}$$

In unserem Fall sei die Geschwindigkeit der Umwandlung von S nach P völlig unabhängig von anderen anwesenden oder auftretenden Molekülarten. Es leuchtet dann ein, daß die Reaktionsgeschwindigkeit v der Zahl der in der Volumeneinheit vorhandenen Moleküle S, d.h. der Konzentration c zu einer beliebigen Zeit t proportional ist.

$$v = -\frac{\mathrm{d}c}{\mathrm{d}t} = k \cdot c. \tag{3}$$

k ist dabei die sog. Geschwindigkeitskonstante. Eine Reaktion, die dieser Gesetzmäßigkeit folgt, bezeichnet man als Reaktion 1. Ordnung.

Um einen formalen Ausdruck über das Verhalten der Konzentration c als Funktion der Zeit t zu erhalten, integrieren wir diese Geschwindigkeitsgleichung.
Nach ihrer Umformung

$$-\frac{\mathrm{d}c}{c} = k\,\mathrm{d}t \tag{4}$$

integrieren wir zu

$$-\ln c = kt + k'. \tag{5}$$

k' ist dabei die Integrationskonstante. Wenn die Anfangskonzentration der Substanz S zur Zeit t_0 mit c_0 bezeichnet wird, wird $k' = \ln c_0$. Wir setzen diesen Ausdruck in Gleichung (5) ein und erhalten

$$-\ln\frac{c}{c_0} = kt = 2{,}3 \cdot \log\frac{c_0}{c}. \tag{6}$$

Gl. (6) wird entlogarithmiert:

$$c = c_0 \cdot e^{-kt}. \tag{7}$$

Aus Gl. (7) geht hervor, daß die Konzentration c der Substanz S exponentiell mit der Zeit t abfällt. Wie Gl. (6)

zeigt, ist die Dimension von k = Zeitintervall (min^{-1} oder sec^{-1}).

Reaktionsgeschwindigkeiten werden im allgemeinen ermittelt, indem die Konzentrationen der Reaktionspartner (Ausgangssubstanzen oder Produkte) im Verlauf der Reaktion gemessen werden.

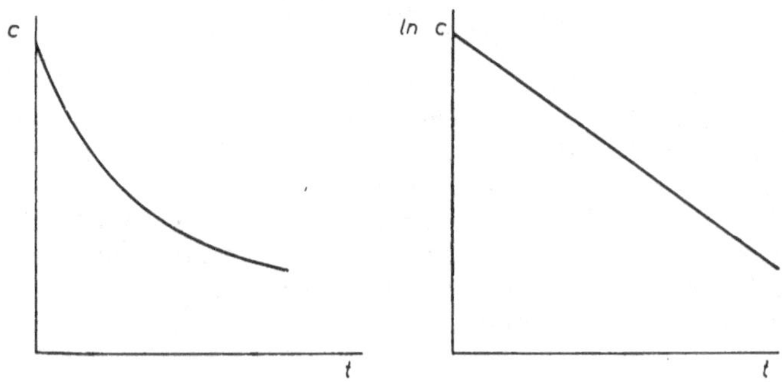

Abb. 5: Reaktion 1. Ordnung

Zum Nachweis der Gültigkeit von Gl. (7) werden die Konzentrationen c zu verschiedenen Zeiten im Verlauf der Reaktion gemessen und die Meßpunkte in ein Koordinatensystem eingetragen. Wählt man ein lineares Auftragungssystem, so erhält man die typische logarithmische Abklingkurve, wie sie durch Gl. (7) wiedergegeben ist. Trägt man auf halblogarithmischem Papier ab (Koordinate logarithmisch, Zeit auf der Abszisse linear), bekommt man eine Gerade (Abb. 5).

Dies gilt, wie oben ausgeführt, für Reaktionen 1. Ordnung. Zu diesem Reaktionstyp gehören eine Reihe von Abläufen in der unbelebten und belebten Natur (viele enzymatische Reaktionen, radioaktiver Zerfall, Ausscheidung von Stoffen aus dem Organismus usw.). Während ein Teil von ihnen wirklich monomolekular ist, also eine echte Reaktion 1. Ordnung darstellt, folgt ein größerer Teil dieser Gesetzmäßigkeit, ohne in Wirklichkeit nur von einer einzigen Molekül- oder Atomart abzuhängen. Man spricht dann von einem pseudomonomolekularen Ablauf. Die Reaktion ist dann scheinbar 1. Ordnung.

Charakteristisch für eine Reaktion 1. Ordnung ist die sog. Halbwertszeit (τ). Darunter wird die Zeit verstanden, innerhalb der jeweils die Hälfte der Substanz S umgesetzt wird. Sie ergibt sich aus Gl. (6).

$$(t_{1/2} = \tau;) \left(c = \frac{c_0}{2}\right).$$

$$k \cdot \tau = 2{,}3 \log 2$$

$$\tau = \frac{0{,}693}{k}. \qquad (8)$$

Gl. (8) sagt aus, daß die Halbwertszeit bei einer Reaktion 1. Ordnung unabhängig von der Konzentration c der Ausgangssubstanz ist.

Außer der Reaktion 1. Ordnung kennt man noch Reaktionen anderer Ordnungen. Eine Reaktion 0. Ordnung erhält man, wenn v unabhängig von c ist.

$$v = \text{konstant} \qquad (9)$$

Dies setzt häufig die Anwesenheit besonders hoher Konzentrationen des Ausgangsstoffes voraus. Man findet dieses Verhalten bei Enzymreaktionen dann, wenn das Enzym über ein längeres Zeitintervall mit Substrat gesättigt ist.

Eine Reaktion 2. Ordnung ist in der Natur ebenfalls häufig anzutreffen. Sie tritt dann auf, wenn zum Ablauf der Reaktion der Zusammenprall von zwei Molekülen S_1 und S_2, die in der Konzentration c_1 und c_2 vorliegen, erforderlich ist

$$S_1 + S_2 \rightarrow P_1 + P_2.$$

Dann ist

$$v = -\frac{dc_1}{dt} = -\frac{dc_2}{dt} = k \cdot c_1 \cdot c_2. \qquad (10)$$

Ein derartiger Vorgang wird auch als „bimolekulare Reaktion" bezeichnet. Sie ist in der Enzymchemie weit verbreitet, da es viele „Zwei-Substrat-Enzyme" gibt (Dehydrogenasen, Transaminasen, viele phosphatübertragende Enzyme usw.).

Bei Reaktionen höherer Ordnung hängt die Haltwertszeit nicht nur von der Reaktionskonstante, sondern auch von der Konzentration der Ausgangssubstanzen ab.

1.3.2. *Rückreaktionen*

Häufig läuft eine Reaktion $S \rightarrow P$ nicht vollständig, sondern lediglich bis zum Einstellen eines Gleichgewichtes zwischen S und P ab.

$$S \underset{k_{-1}}{\overset{k_{+1}}{\rightleftharpoons}} P \tag{11}$$

Wir gehen von S mit der Konzentration c_s aus. Nach der Zeit t sei die Konzentration von P gleich c_p. S hat demnach zu diesem Zeitpunkt die Konzentration $c_s - c_p$. Die Geschwindigkeit der Umwandlung von $S \rightarrow P$ ist in diesem Moment gleich $k_{+1} \cdot (c_s - c_p)$, die Umwandlungsgeschwindigkeit von $P \rightarrow S$ ist gleich $k_{-1} \cdot c_p$.

Die Nettogeschwindigkeit der Bildung von P ist zum Zeitpunkt t

$$+ \frac{\mathrm{d}c_p}{\mathrm{d}t} = k_{+1} (c_s - c_p) - k_{-1} c_p \,. \tag{12}$$

Im Zustand des Gleichgewichtes ist die Nettogeschwindigkeit Null. P habe dann die Konzentration $c_{äq}$.

Dann ist

$$k_{+1} \cdot (c_s - c_{äq}) - k_{-1} \cdot c_{äq} = 0. \tag{13}$$

Indem wir k_{-1} aus Gl. (12) und (13) eliminieren, kommen wir zur Gl. (14).

$$\frac{\mathrm{d}c_p}{\mathrm{d}t} = \frac{k_{+1}\,c_s}{c_{äq}}\,(c_{äq} - c_p). \tag{14}$$

Durch Integration erhalten wir folgenden Ausdruck

$$k_{+1} = \frac{c_{äq}}{c_s \cdot t} \cdot \ln \cdot \frac{c_{äq}}{c_{äq} - c_p}. \tag{15}$$

In einem gegebenen Fall ermittelt man vor der Bestimmung von k_{+1} die Gleichgewichtskonzentration $c_{äq}$ von P. Danach läßt sich nach Gl. (15) die Konstante der Hinreaktion k_{+1} leicht aus den Meßwerten errechnen. Für die praktische Durchführung von Messungen der Reaktionskonstanten bei Gleichgewichtsreaktionen ist demnach die Kenntnis der Konzentrationen der Reaktionspartner im Zustand des Gleichgewichts unerläßlich. Der Nettofluß ist nicht von der Gesamtzahl der Teilchen S abhängig, sondern von dem Anteil, der sich „außerhalb" des chemischen Gleichgewichts befindet. In dem Maße, wie dieser kleiner wird, wächst die Geschwindigkeit der Rückreaktion.

Im Vergleich dazu sei die Gleichung für k im Falle einer Reaktion $S \rightarrow P$ angegeben, die vollständig abläuft. Sie ist aus Gl. (6) durch Umformung entstanden.

$$k = \frac{1}{t} \ln \frac{c_0}{c}. \tag{16}$$

1.3.3. Kinetik einer Enzymreaktion

Eine Enzymreaktion folgt den Gesetzen der klassischen Reaktionskinetik, wenn man das Enzym E als stöchiometrisch wirkenden Reaktionspartner ansieht und den katalytischen Prozeß als Kreisprozeß betrachtet.

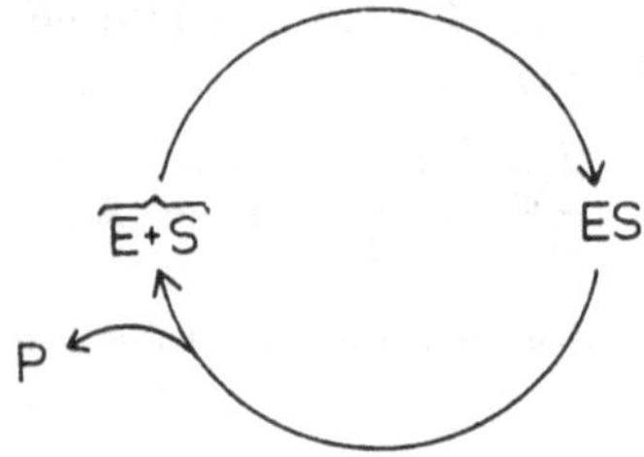

In diesem Prozeß reagiert das Enzym als stöchiometrischer Reaktionspartner mit dem Substrat S und kommt nach der Abgabe des Produktes P unverändert wieder aus dem Cyclus hervor. Es steht jetzt wieder für die Umwandlung eines zweiten Substrates S nach P zur Verfügung. Die dara: s zu ziehende Schlußfolgerung ist, daß man einen enzymatischen Prozeß in stöchiometrisch ablaufende Einzelreaktionen zerlegen kann.

Eine allgemeine Theorie der Enzymkinetik wurde 1913 von Michaelis und Menten aufgestellt, nachdem Henry (1902) wichtige Vorarbeiten hierzu geleistet hatte (Entwicklung des Konzeptes der Bildung eines Enzym-Substrat-Komplexes). Im Jahre 1925 haben Briggs und Haldane eine Alternativvorstellung hierzu entwickelt, die sich vom kinetischen Standpunkt von der Michaelis-Menten-Vorstellung unterscheidet. Wir folgen zunächst dem Michaelis-Menten-(9)-Modell und erläutern danach einige Aspekte der Briggs-Haldane-Vorstellung.

Nach Michaelis-Menten verbindet sich das Substrat mit dem Enzym zu einem Enzym-Substrat-Komplex in einer reversiblen Reaktion.

$$E + S \underset{k_{+2}}{\overset{k_{+1}}{\rightleftharpoons}} ES \tag{17}$$

$$\frac{[E] \cdot [S]}{[ES]} = K = \frac{k_{-1}}{k_{+1}}. \tag{18}$$

K ist die Dissoziationskonstante des Enzym-Substrat-

Komplexes, ihre reziproke Form ist die Gleichgewichtskonstante. Unter Zugrundelegung folgender Symbolik

$[E_T]$ = Gesamtkonzentration des Enzyms E

$[S]$ = Gesamtkonzentration des Substrates S

$[ES]$ = Konzentration des Enzym-Substrat-Komplexes

$[E_T]-[ES]$ = Konzentration des freien Enzyms

wird Gl. (18) vervollständigt zu:

$$K = \frac{([E_T] - [ES]) \cdot [S]}{[ES]}. \tag{19}$$

Gl. (19) wird umgeformt in

$$[ES] = \frac{[E_T]\,[S]}{K + [S]}. \tag{20}$$

Die Enzym-Substrat-Verbindung (ES) zerfällt in einer langsamen, geschwindigkeitsbestimmenden Reaktion unter Rückbildung des freien Enzyms und Bildung der Produkte

$$ES \xrightarrow{k_{+1}} E + P. \tag{20a}$$

Die Zerfallsgeschwindigkeit des ES-Komplexes ist gleich der Geschwindigkeit des Gesamtprozesses

$$v = k_{+2}\,[ES]. \tag{21}$$

Wir lösen Gl. (21) nach $[ES]$ auf und setzen diesen Wert in (20) ein. Dabei erhalten wir

$$v = \frac{k_{+2} \cdot [E_T]\,[S]}{K + [S]}. \tag{22}$$

Die Gl. (22) gibt die Abhängigkeit der Geschwindigkeit v von der Substrat- und Enzymkonzentration wieder.

Bei niedrigen Substratkonzentrationen relativ zu K kann man in erster Näherung $[S]$ im Nenner von Gl. (22) als Summanden wegfallen lassen. Man erhält dann

$$v = \frac{k_{+2}}{K} [E_T] \cdot [S]. \tag{23}$$

Da die Enzymkonzentration $[E_T]$ im Verlaufe der Reaktion konstant bleibt, läßt sich Gl. (23) umformen in

$$v = K' [S], \tag{24}$$

wobei $K' = \frac{k_{+2}}{K} \cdot [E_T]$ ist.

Nach Gl. (24) ist bei kleinen Substratkonzentrationen die Reaktionsgeschwindigkeit von $[S]$ abhängig und dieser proportional. Unter Beachtung von Gl. 23 ist v auch abhängig von der Enzymkonzentration.

Bei hohen Substratkonzentrationen (relativ zu K) kann im Nenner der Gl. (22) K als Summand wegfallen. Man erhält dann

$$v = k_{+2} \cdot [E_T] = V. \tag{25}$$

Gl. (25) drückt aus, daß bei hohen Substratkonzentrationen die Reaktionsgeschwindigkeit unabhängig von $[S]$ wird und nur abhängig von $[E_T]$ ist.

Unter diesen Umständen [vgl. Gl. (25) mit Gl. (21)] ist das gesamte Enzym mit Substrat gesättigt; die erreichte Geschwindigkeit nennt man Maximalgeschwindigkeit V. Wenn man V für $k_{+2} \cdot (E_T)$ einsetzt, erhält man

$$v = \frac{V [S]}{K + [S]}. \tag{26}$$

Bei Umwandlung von Gl. (26) wird erhalten

$$K = S \left(\frac{V}{v} - 1\right). \tag{27}$$

Gl. (26) und (27) sind andere Formen der sogenannten MICHAELIS-MENTEN-Gleichung [Gl. (22)].

Wie groß muß die Substratkonzentration sein, damit $v = \frac{V}{2}$ wird?

Aus Gl. (26) folgt

$$\frac{V}{2} = \frac{V \cdot [S]}{K + [S]} \tag{26 a}$$

$$\frac{1}{2} = \frac{[S]}{K + [S]} \tag{26 b}$$

$$K + [S] = 2\,[S] \tag{26 c}$$

$$K = [S] \tag{26 d}$$

Gl. (26 d) sagt aus, daß die Substratkonzentration bei halbmaximaler Reaktionsgeschwindigkeit numerisch gleich K ist. Hierauf gründet sich eine einfache Methode zur experimentellen Bestimmung dieser Konstanten.

Nach Gl. (26) sieht die Abhängigkeit der Reaktionsgeschwindigkeit v von der Substratkonzentration $[S]$, wie

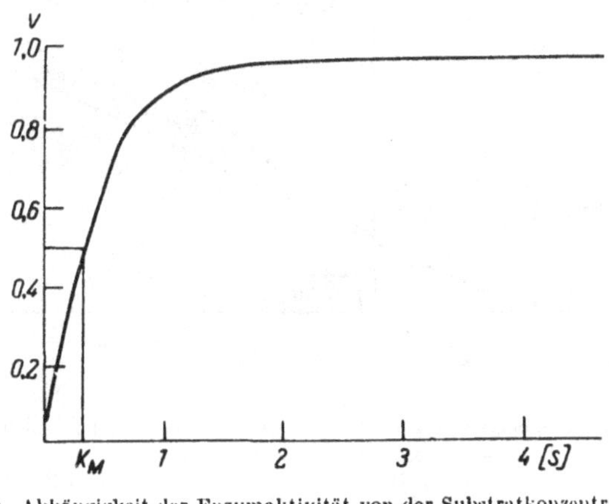

Abb. 6: Abhängigkeit der Enzymaktivität von der Substratkonzentration

in Abb. 6 wiedergegeben ist, aus. Man erhält eine Kurve nach der Art einer rechtwinkligen Hyperbel. Der erste Teil der Kurve folgt Gleichung (24), d.h., die Reaktionsgeschwindigkeit ist abhängig von $[S]$ (Reaktion 1. Ordnung bezüglich $[S]$). Im zweiten Teil der Kurve besteht Unabhängigkeit von $[S]$; es ist die Maximalgeschwindigkeit V erreicht [Gl. (25)]. Es liegt bezüglich des Substrates eine Reaktion 0. Ordnung vor. Hinsichtlich $[E]$ ist die Reaktion 1. Ordnung (s. Reaktionskinetik).

Von LINEWEAVER und BURK wurde eine einfache Methode zur Bestimmung von K eingeführt, die auch für Hemmungsversuche große Bedeutung erlangt hat. Grundlage ist die reziproke Form von Gl. (26).

$$\frac{1}{v} = \frac{K + [S]}{V \cdot [S]} = \frac{K}{V} \cdot \frac{1}{[S]} + \frac{1}{V}. \qquad (28)$$

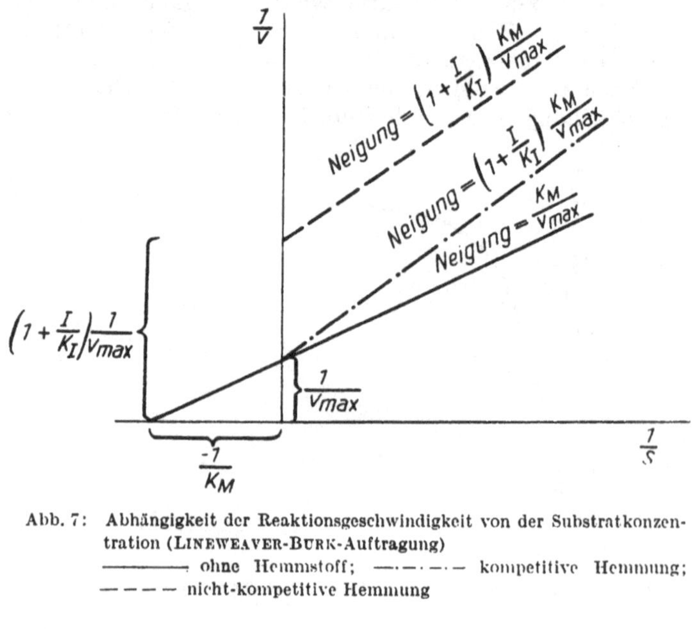

Abb. 7: **Abhängigkeit der Reaktionsgeschwindigkeit von der Substratkonzentration (LINEWEAVER-BURK-Auftragung)**
———— ohne Hemmstoff; —·—·—·— kompetitive Hemmung; — — — — nicht-kompetitive Hemmung

Wenn man $1/v$ gegen $1/[S]$ aufträgt, so erhält man eine Gerade, die die Ordinate bei $1/V$ schneidet. Die Neigung dieser Geraden ist K/V. Daraus läßt sich auf einfache Weise K berechnen. Die Gerade schneidet die Abszisse bei einem Wert von $-1/K$ (Abb. 7).

Ein empfindlicheres und deshalb in vielen Fällen gegenüber der LINEWEAVER-BURK-Auswertung vorteilhafteres Auftragungssystem ist das EADIE-System.

Aus der Gl. (26) wird die Gl. (29) erhalten

$$\frac{v}{S} = -\frac{v}{K} + \frac{V}{K}. \tag{29}$$

Bei Auftragung von $\frac{v}{S}$ gegen v wird eine Gerade erhalten deren Neigung $-\frac{1}{K}$ ist und die die Ordinate bei $\frac{V}{K}$ und die Abszisse bei V schneidet (Abb. 8).

Nach der MICHAELIS-MENTEN-Vorstellung ist K eine

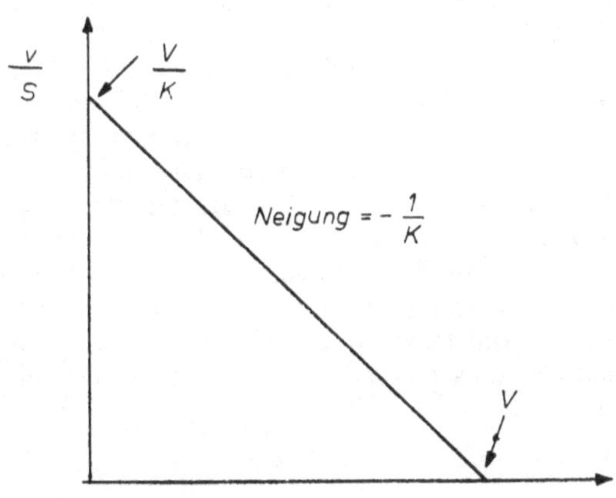

Abb. 8: Auftragung nach EADIE

Konstante, die die Dissoziation des Enzym-Substrat-Komplexes beschreibt. Dabei wird stillschweigend angenommen, daß für den Ablauf der Reaktion allein das Gleichgewicht, welches die Gleichungen (17) bzw. (18) ausdrückt, gültig ist, und die Reaktion k_{+2} so langsam erfolgt, daß sie das sich sehr schnell einstellende Gleichgewicht zwischen dem Enzym, dem Substrat und dem Enzym-Substrat-Komplex nicht stört. Wenn diese Voraussetzungen jedoch nicht gegeben sind, weicht die durch kinetische Experimente bestimmte Größe K (Gl. 26 d) mehr oder weniger weit von der wahren Dissoziationskonstanten des ES-Komplexes ab. Die kinetisch ermittelte Konstante K, die nach Gl. (16) numerisch gleich der Substratkonzentration bei halbmaximaler Geschwindigkeit ist, muß auf Grund dieser Überlegungen bei vielen Enzymen als eine komplex zusammengesetzte Größe aufgefaßt werden. Sie ist meist nicht identisch mit der *wahren* Dissoziationskonstanten des ES-Komplexes.

Der Gleichgewichtsbehandlung einer Enzymreaktion stellten Briggs und Haldane deshalb das Konzept einer dynamischen Betrachtungsweise, das auf der Existenz eines Fließgleichgewichtes beruht, gegenüber (steady-state-Behandlung).

Ausgangspunkt war dabei, daß im Zustand des Fließgleichgewichtes die Geschwindigkeiten von Bildung und Abbau des ES-Komplexes gleich sind, so daß $[ES]$ über einen bestimmten Zeitabschnitt konstant ist. Nach einer bestimmten Zeit wird infolge Absinkens der Substratkonzentration $[ES]$ auch abnehmen, dabei kommt es auch zu einer Erniedrigung der Reaktionsgeschwindigkeit. Natürlich ist die Geschwindigkeit der Abnahme von $[ES]$ sehr viel kleiner als die Reaktionsgeschwindigkeit selbst. Sie kann deshalb in dieser steady-state-Theorie vernachlässigt werden:

$$E + S \underset{k_{-1}}{\overset{k_{+1}}{\rightleftharpoons}} ES \xrightarrow{k_{+2}} E + P. \tag{30}$$

Die Geschwindigkeit der Bildung von ES ist

$$\frac{+\,\mathrm{d}\,[ES]}{\mathrm{d}t} = k_{+1} \cdot [E] \cdot [S]. \tag{31}$$

Die Geschwindigkeitsgleichung des Zerfalls ist

$$\frac{-\,\mathrm{d}\,[ES]}{\mathrm{d}t} = k_{-1}\,[ES] + k_{+2}\,[ES]. \tag{32}$$

Die Nettogeschwindigkeit der Änderung von $[ES]$ ist

$$\frac{\mathrm{d}\,[ES]}{\mathrm{d}t} = k_{+1} \cdot [E] \cdot [S] - (k_{-1} + k_{+2}) \cdot [ES]. \tag{33}$$

Im Fließgleichgewicht ist $\frac{\mathrm{d}\,[ES]}{\mathrm{d}t} = 0.$

Daraus folgt:
$$[ES] = \frac{[E] \cdot [S]}{\frac{k_{-1} + k_{+2}}{k_{+1}} + [S]}. \tag{34}$$

Ein Vergleich von (34) mit (20) und (18) zeigt den formalen Unterschied zwischen beiden Betrachtungsweisen. v ergibt sich zu

$$v = k_{+2}\,[ES] = \frac{k_{+2} \cdot [E] \cdot [S]}{\frac{k_{-1} + k_{+2}}{k_{+1}} + [S]}. \tag{35}$$

Die Maximalgeschwindigkeit ergibt sich zu

$$V = k_{+2}\,[E], \tag{35a}$$

was in Übereinstimmung mit der MICHAELIS-MENTEN-Vorstellung steht [s. Gl. (25)].

Die Gl. 35 kann unter Substitution von

$$\frac{k_{-1} + k_{+2}}{k_{+1}} = K_M \tag{36}$$

und unter Berücksichtigung von Gl. (36) geschrieben werden als

$$v = \frac{V \cdot [S]}{K_M + [S]}. \tag{37}$$

Diese Gleichung ist mit der MICHAELIS-MENTEN-Gleichung (26) identisch, mit der Ausnahme, daß K durch K_M ersetzt ist.

$$K_M = \frac{k_{-1} + k_{+2}}{k_{+1}} = K + \frac{k_{+2}}{k_{+1}}. \tag{38}$$

Gleichung (38) zeigt, daß K_M dann gleich oder ähnlich wird, wenn k_{+2} sehr klein wird gegen k_{-1}. Unter diesen Bedingungen geben die Verfahren nach MICHAELIS-MENTEN- und BRIGGS-HALDANE identische Ergebnisse.

K_M wird als MICHAELIS-MENTEN-Konstante bezeichnet. Sie ergibt sich aus kinetischen Experimenten und ist identisch mit der Substratkonzentration, die halbmaximale Geschwindigkeit ergibt. Sie wird meist nach den Methoden von LINEWEAVER-BURK oder EADIE ermittelt. Vom K_M-Wert ist die Dissoziationskonstante K_s des Enzym-Substrat-Komplexes zu unterscheiden. In den Gleichungen (17) bis (26) wurde des leichteren Verständnisses wegen diese Problematik nicht berücksichtigt. Es hängt von den jeweiligen Reaktionskonstanten ab, ob K_M und K_s übereinstimmen oder mehr oder weniger voneinander abweichen. Es gibt Fälle, wo sie ähnlich oder sogar übereinstimmend sind.

In vielen Fällen weichen sie jedoch voneinander ab. Als Beispiel sollen die Untersuchungen von CHANCE an der Meerrettich-Peroxydase dienen. Infolge von Veränderungen im Absorptionsspektrum bei Bildung von ES konnten mit Hilfe schnell registrierender Photometer die verschiedenen Reaktionskonstanten des enzymatischen Prozesses unabhängig voneinander bestimmt und mit K_M aus steady-state-Messungen verglichen werden. Danach ist

$$k_{+1} = 1{,}0 \cdot 10^7 \cdot M^{-1} \cdot \text{sec}^{-1}$$

$$K_s = 2{,}0 \cdot 10^{-8}\, M.$$

Daraus ergibt sich ein k_{-1} von $0{,}2 \cdot \text{sec}^{-1}$. Für k_{+2} wurde ein Wert von $4 \cdot \text{sec}^{-1}$ gemessen.
Daraus ergibt sich ein K_M-Wert von

$$K_M = \frac{0{,}2 + 4{,}0}{1{,}0 \cdot 10^7} = 4{,}2 \cdot 10^{-7}\,\text{Mol}.$$

In guter Übereinstimmung mit dieser Rechnung wird mittels kinetischer Methoden ein K_M-Wert von $4 - 5 \times 10^{-7}$ Mol gefunden. Daraus folgt, daß die kinetisch ermittelte MICHAELIS-MENTEN-Konstante infolge eines Verhältnises von $K_{-1}:k_{+2} = 1:20$ eher dem Quotienten

$$\frac{k_{+2}}{k_{+1}} \quad \text{als dem Quotienten} \quad \frac{k_{-1}}{k_{+1}}$$

entspricht. Dieses Beispiel zeigt die Vorteile der steady-state-Behandlung gegenüber der einfachen Gleichgewichtsbetrachtung.

1.3.3.1. *Existenz mehrerer Zwischenschritte;* HALDANE-*Gleichung*

Es ist wahrscheinlich, daß sich im Verlauf einer enzymatischen Reaktion nicht nur ein $[ES]$-Komplex bildet, sondern mehrere isomere Formen, die reversibel miteinander verbunden sind:

$$E + S \underset{k_{-1}}{\overset{k_{+1}}{\rightleftharpoons}} ES \underset{k_{-2}}{\overset{k_{+2}}{\rightleftharpoons}} EP \xrightarrow{k_{+3}} E + P. \qquad (39)$$

Die Reaktion k_{-3} ist ausgelassen, da Anfangsgeschwindigkeiten betrachtet werden sollen und unter diesen Bedingungen die Konzentration von P Null ist.

Für den Zustand des Fließgleichgewichtes gilt

$$k_{+1} \cdot ([E_T] - [ES] - [EP]) \cdot [S] + k_{-2}[EP]$$
$$= (k_{-1} + k_{+2}) \cdot [ES] \qquad (40)$$

und
$$k_{+2}[ES] = (k_{-2} + k_{+3}) \cdot [EP]. \qquad (41)$$

wenn die Gesamtgeschwindigkeit

$$v = k_{+3}[EP] \qquad (42)$$

ist, dann erhalten wir

$$v = \frac{\dfrac{k_{+2} \cdot k_{+3} \cdot [E_T]}{k_{+2} + k_{-2} + k_{+3}}}{1 + \dfrac{1}{[S]} \cdot \dfrac{k_{-1} \cdot k_{-2} + k_{-1} \cdot k_{+3} + k_{+2} \cdot k_{+3}}{k_{+1} \cdot (k_{+2} + k_{-2} + k_{+3})}} \qquad (43)$$

Gl. 43 entspricht der MICHAELIS-MENTEN-Gleichung (22). Sie stellt ihre allgemeinere Form dar.

Die Maximalgeschwindigkeit V und die MICHAELIS-Konstante K_M sind komplex zusammengesetzte Größen.

$$V = \frac{k_{+2} \cdot k_{+3} \cdot [E]}{k_{+2} + k_{-2} + k_{+3}} \qquad (44)$$

$$K_M = \frac{k_{-1} \cdot k_{-2} + k_{-1} \cdot k_{+3} + k_{+2} \cdot k_{+3}}{k_{+1} \cdot (k_{+2} + k_{-2} + k_{+3})}. \qquad (45)$$

Dies stellt die Gl. (36) in verallgemeinerter Form dar. Wenn k_{+3} sehr groß ist gegen k_{+2} und k_{-2}, wenn also das Produkt vom Enzym schnell abdissoziiert, dann geht Gl. (45) in Gleichung (36) und Gl. (44) in Gl. (35) über.

Wir betrachten jetzt die Anfangsgeschwindigkeiten von Hin- und Rückreaktion.

Die entsprechenden Maximalgeschwindigkeiten sind dabei V_H = Hinreaktion; V_R = Rückreaktion; und die entsprechenden

MICHAELIS-Konstanten sind

$$K_{MH} \quad \text{und} \quad K_{MR}$$

Die Gleichgewichtskonstante K ist nur dann gleich dem Quotienten V_H/V_R, wenn Substrat und Produkt gleiche Affinitäten zum Enzym haben. Zur weiteren Betrachtung nehmen wir Gl. 39 unter Hinzunahme von k_{-3}, also der Rückreaktion des Enzyms E mit dem Produkt P. Wir erhalten die Werte von V_H/K_{MH} und V_R/K_{MR} aus den Gl. 44 und 45.

$$\frac{V_H}{K_{MH}} = \frac{k_{+1} \cdot k_{+2} \cdot k_{+3} \cdot [E]}{k_{-1} \cdot k_{-2} + k_{-1} \cdot k_{+3} + k_{+2} \cdot k_{+3}} \tag{46}$$

und

$$\frac{V_R}{K_{MR}} = \frac{k_{-1} \cdot k_{-2} \cdot k_{-3} \cdot [E]}{k_{+2} \cdot k_{+3} + k_{-1} \cdot k_{+3} + k_{-1} \cdot k_{-2}} \tag{47}$$

Indem wir Gl. (46) durch Gl. (47) dividieren, erhalten wir (48)

$$\frac{V_H\, K_{MR}}{V_R\, K_{MH}} = \frac{k_{+1} \cdot k_{+2} \cdot k_{+3}}{k_{-1} \cdot k_{-2} \cdot k_{-3}} = K_1 \cdot K_2 \cdot K_3 = K. \tag{48}$$

K_1, K_2, K_3 sind die Gleichgewichtskonstanten der Schritte in Gl. (39), K ist die Gleichgewichtskonstante der Gesamtreaktion.

Die Gleichung (48) ist für die Enzymologie äußerst bedeutsam. Sie wird als HALDANE-Beziehung bezeichnet. Ihr Wert liegt darin, daß sie eine Reihe wichtiger Parameter einer Enzymreaktion miteinander verbindet, wodurch diese einer Berechnung zugänglich werden.

Sie sagt aus, daß die kinetischen Parameter einer Enzymreaktion nicht unabhängig voneinander sind, sondern mit der thermodynamischen Gleichgewichtskonstanten der Gesamtreaktion verbunden sind.

1.3.3.2. Enzymhemmungen

Eine besondere Bedeutung in der Enzymchemie haben die Enzymhemmungen und -aktivierungen. Bei der Enzymhemmung unterscheidet man hauptsächlich *konkur-*

rierende und *nichtkonkurrierende* Hemmungen. Im Falle der Konkurrenzhemmung („*kompetitive*" Hemmung) bewerben sich Substrat und Hemmstoff um die gleichen Stellen am Enzymmolekül. Der Hemmstoff verdrängt das Substrat vom Enzym. Bei Substratüberschuß und kleinen Hemmstoffkonzentrationen kommt es demnach zu einer vollständigen Verdrängung des Hemmstoffes vom Enzym. V ist also im Falle einer Konkurrenzhemmung ohne und mit Inhibitor gleich. Eine derartige Hemmung findet man meist in solchen Fällen, in denen Substrat und Hemmstoff chemische Ähnlichkeiten besitzen. Ein klassisches Beispiel dieser Art ist die Hemmung der Bernsteinsäuredehydrierung durch Malonsäure (s. Teil II). Ein besonderer Fall der Konkurrenzhemmung ist die sogenannte *Produkten-Hemmung*. Man findet sie dann, wenn ein Produkt der Reaktion zurück auf das Enzym wirkt und das Substrat von den aktiven Stellen am Enzymmolekül verdrängt.

Eine Konkurrenzhemmung erkennt man, wenn man die Versuchsergebnisse nach LINEWEAVER-BURK aufträgt (Abb. 7). Die Gerade, die man mit dem Hemmstoff erhält, hat eine größere Neigung, sie schneidet jedoch die Ordinate bei $1/V$. Die *Inhibitorkonstante* K_I, ist die Dissoziationskonstante des Enzym-Inhibitor-Komplexes. Sie errechnet sich nach Gl. (49).

$$\frac{1}{v} = \frac{1}{V} \cdot \left[K_M + \frac{K_M\,[I]}{K_I}\right] \cdot \left[\frac{1}{[S]}\right] + \frac{1}{V} \qquad (49)$$

($[I]$ = eingesetzte Inhibitorkonzentration).

Bei einer kompetitiven Hemmung bleibt V unbeeinflußt, während der Wert von K_M ansteigt. Hier sei daran erinnert, daß K_M keine Dissoziationskonstante, sondern eine komplexe kinetische Größe ist (s. S. 26ff.).

Im Falle der nichtkonkurrierenden („nichtkompetitiven") Hemmungen tritt keine unmittelbare Konkurrenz zwischen Substrat und Hemmstoff ein. Die auftretende Hemmung ist nur von der Hemmstoffkonzentration abhängig. Die gemessene Maximalgeschwindigkeit bei Anwesenheit des Hemmstoffes ist stets geringer als ohne Hemmstoff. K_M wird dabei nicht verändert.

Bei Auftragung der Versuchsergebnisse nach LINEWEAVER-BURK schneidet die erhaltene Gerade oberhalb $1/V$ (erhalten ohne Inhibitor) die Ordinate (Abb. 7). K_I errechnet sich dann nach Gleichung (50).

$$\frac{1}{v} = \left[1 + \frac{[I]}{K_I}\right]\left[\frac{1}{V} + \left(\frac{K_M}{V}\right)\left(\frac{1}{[S]}\right)\right] \tag{50}$$

Vermerkt sei, daß es Übergänge zwischen konkurrierender und nichtkonkurrierender Hemmung gibt und daß man bei einem gegebenen Enzym mit dem gleichen Substrat und dem gleichen Hemmstoff in Abhängigkeit von der Temperatur, dem pH-Wert und anderen Bedingungen verschiedene Typen von Hemmungen erhalten kann. Dies wird unter Berücksichtigung der Tatsache verständlich, daß V und K_M komplexe kinetische Größen sind, die sich aus mehreren Reaktionsschritten mit unterschiedlichen Reaktionskonstanten zusammensetzen, die ihrerseits unterschiedlich bei Veränderungen des pH-Wertes und der Temperatur beeinflußt werden. Es wird auch ein „unkompetitiver" Hemmungstyp beschrieben. Er liegt dann vor, wenn sich der Hemmstoff mit dem Enzym-Substrat-Komplex, aber nicht mit dem freien Enzym verbindet.

Ein besonderer Fall ist die Hemmung eines Enzyms durch höhere Konzentrationen seines eigenen Substrates. Lange bekannt ist die Hemmung der Urease bei hohen Harnstoffkonzentrationen. Andere Beispiele sind die Lactat-Dehydrogenase, Carboxypeptidase, Lipase, Pyrophosphatase, Phosphofructokinase (für ATP). Ursachen dieser interessanten Erscheinungen könnten sein:

a) Es sind mehrere substratbindende Zentren vorhanden, die das Substrat mit unterschiedlicher Affinität binden. Bei niedrigen Substratkonzentrationen vermag das Enzym nur ein Substratmolekül zu binden, bei hohen

Substratkonzentrationen bindet es mehrere zu einem inaktiven Enzym-Substrat-Komplex.

b) Das Substrat könnte auch an anderen Stellen des Enzyms unter Verminderung von dessen katalytischer Aktivität gebunden werden. Es gibt eine wichtige Gruppe von Enzymen (allosterische Enzyme), die neben „katalytischen" Zentren „regulatorische" Zentren besitzen.

c) Das Substrat kann einen Aktivator binden und ihn auf diese Weise vom Enzym entfernen.

d) Das Substrat verdrängt einen Cofaktor oder ein Coenzym.

e) Das Substrat erhöht die Ionenstärke des Mediums und beeinflußt dadurch unspezifisch die Aktivität des Enzyms. Bei Vorliegen einer Substrat-Hemmung wird eine LINEWEAVER-BURK-Auftragung erhalten, wie sie in Abbildung 9 wiedergegeben ist.

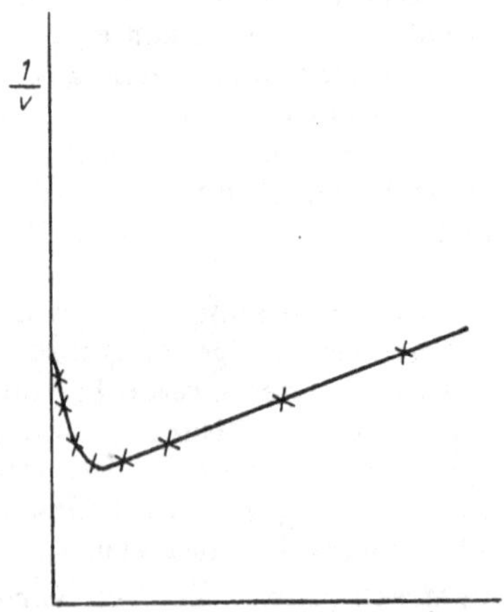

Abb. 9: Hemmung eines Enzyms durch sein eigenes Substrat

1.3.4. *Enzyme mit zwei Substraten*

An der Mehrzahl aller Enzymreaktionen ist nicht nur ein Substrat beteiligt, sondern mehrere, meist zwei. Die allgemeine Gleichung einer Zwei-Substrat-Reaktion ist:

$$A + B \leftrightharpoons P + Q$$

Die kinetische Analyse einer solchen Reaktion erfolgt ähnlich der eines Ein-Substrat-Enzyms: Bei Konstanthaltung eines Substrates wird die Veränderung der Anfangsgeschwindigkeit bei Variation des anderen bestimmt und umgekehrt. Die Ergebnisse werden dann nach LINEWEAVER-BURK aufgetragen.

Man erhält auf diese Weise zwei Auftragungen mit geraden Linien (Abb. 10).

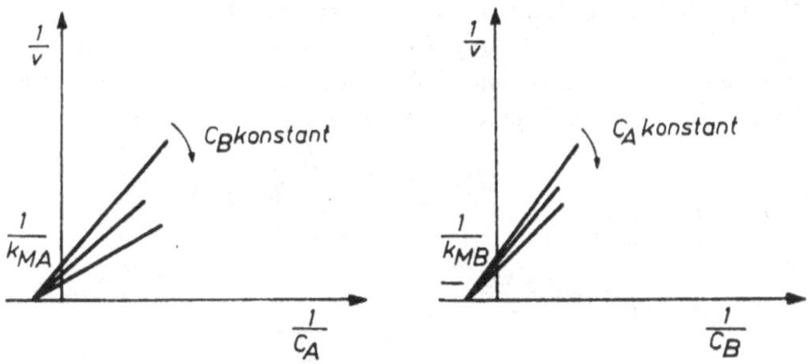

Abb. 10: Ermittlung der Enzymparameter bei Zwei-Substrat-Enzymen (Primärauftragungen)

Als Bezeichnungen benutzen wir: Für die Substrate: A und B; für die Produkte: P und Q; für ihre Konzentrationen: C_A, C_B, C_P, C_Q, für ihre MICHAELIS-Konstanten: K_{MA}, K_{MB}, K_{MP} und K_{MQ} und für die Dissoziationskonstanten der jeweiligen Enzym-Substrat-Komplexe: K_{SA}, K_{SB}, K_{SP} und K_{SQ}. V_H ist die Maximalgeschwindigkeit der Hinreaktion und V_R die der Rückreaktion. K ist die Gleichgewichtskonstante der Reaktion.

Man unterscheidet *primäre* und *sekundäre* Auftragungen. Die LINEWEAVER-BURK-Auftragung ist eine primäre Auftragung. Bei den sekundären Auftragungen unterscheidet man zwei Typen: a) Auftragung der verschiedenen Ordinatenabschnitte der primären Auftragung gegen den reziproken Wert des fixierten Substrates und b) Auftragung der Neigungen der primären Auftragung ebenfalls gegen den reziproken Wert des fixierten Substrates.

Für diese Auftragungen gelten folgende formalen Beziehungen, auf deren Ableitung hier verzichtet werden muß.

Primäre Auftragung:

1. Schnittpunkt der verschiedenen Geraden liegt immer im negativen Teil der Abszisse $\left(-\frac{1}{K_{MA}} \text{ bzw. } -\frac{1}{K_{MB}}\right)$. Wenn der Schnittpunkt im negativen Teil der *Ordinate* liegt, dann ist $K_M > K_S$ (vgl. Abb. 10), wenn er auf der Abszisse liegt, dann ist $K_M = K_S$, und wenn er im positiven Teil der Ordinate liegt, ist $K_M < K_S$.

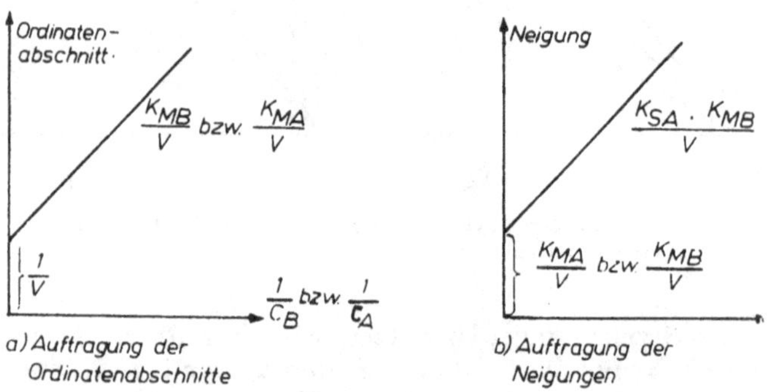

Abb. 11: Ermittlung der Enzymparameter bei Zwei-Substrat-Enzymen (Sekundärauftragungen)

a) Auftragung der Ordinatenabschnitte

b) Auftragung der Neigungen

2. Die Ordinatenabschnitte sind

$$\frac{1}{V} + \frac{K_{MB}}{C_B \cdot V} \text{ bzw. } \frac{1}{V} + \frac{K_{MA}}{C_A \cdot V}$$

3. Die Neigungen sind

$$\frac{K_{MA}}{V} + \frac{K_{SA} \cdot K_{MB}}{C_B \cdot V} \text{ bzw. } \frac{K_{MB}}{V} + \frac{K_{SA} \cdot K_{MB}}{C_A \cdot V}$$

Sekundäre Auftragungen:

Diese dienen zur Ermittlung der tatsächlichen Maximalgeschwindigkeit V und der Dissoziationskonstanten K_{SA} bzw. K_{SB}.

a) Auftragung der Ordinatenabschnitte gegen den reziproken Wert von C_A bzw. C_B

1) Der Ordinatenabschnitt ist $\frac{1}{V}$

2) Die Neigung ist $\frac{K_{MA}}{V}$ bzw. $\frac{K_{MB}}{V}$

b) Auftragung der Neigungen aus den primären Auftragungen gegen $\frac{1}{C_A}$ bzw. $\frac{1}{C_B}$

1. Der Ordinatenabschnitt ist $\frac{K_{MA}}{V}$ bzw. $\frac{K_{MB}}{V}$

2. Die Neigung der Geraden ist $\frac{K_{SA} \cdot K_{MB}}{V}$

Diese Art der Auswertung sind für die Aufklärung des Wirkungsmechanismus eines Zwei-Substrat-Enzymes von sehr großer Bedeutung. Oft werden die K_M-Werte eines Zwei-Substrat-Enzymes für ein bestimmtes Substrat bei willkürlicher Wahl einer fixierten Konzentration des zweiten Substrates (entsprechend dem Vorgehen bei einem Ein-Substrat-Enzym) bestimmt. Selbst wenn die Konzentration des fixierten Substrates hoch ist, können diese Versuche zu falschen Ergebnissen führen.

1.3.5. *Reaktionsordnungen*

Mit derartigen graphischen Auswertungsverfahren und Produkten-Hemmungsstudien war es möglich, Modelle des Reaktionsablaufes von Zwei-Substrat-Enzymen aufzustellen, die im folgenden beschrieben werden sollen. Man unterscheidet dabei sequentielle und nichtsequentielle Reaktionstypen.

1.3.5.1. *Sequentielle Reaktionstypen*

Diese sind dadurch gekennzeichnet, daß alle Substrate an das Enzym gebunden sein müssen, ehe die Produkte abgegeben werden können.

Als erste Form sei der „geordnete“ Reaktionsmechanismus besprochen. Dieser kann so dargestellt werden:

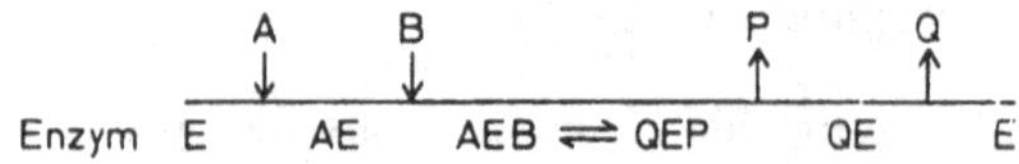

A und sein Produkt *Q* werden als „führende“ oder „obligatorische“ Reaktionspartner bezeichnet. Im Falle der Dehydrogenasen sind dies die Coenzyme NAD oder NADP. Diese Enzyme sind die wichtigsten Vertreter dieser Gruppe. Die mittlere Reaktion stellt die Isomerisierung des Enzym-Substrat-Komplexes dar, die zur Bildung des Enzym-Produkt-Komplexes führt. Sie ist geschwindigkeitsbestimmend. Bei einem solchen Mechanismus wirkt bei Hemmungsstudien das Produkt *P* in bezug auf *A* und *B* nichtkompetitiv. Die Ursache hierfür ist, daß sich *P* nur mit der *QE*-Form des Enzyms verbindet und nicht mit der Form *E* oder *AE*. Bei Bindung von *P* an *QE* wird die Konzentration von *EPQ* erhöht. Der dadurch verursachte Rückstau führt zu einer nichtkompetitiven Hemmung im Hinblick auf *A* und *B*. *Q* hingegen hemmt die Enzymreaktion in bezug auf A kompetitiv und im Hinblick auf B nichtkompetitiv. Das wird verständlich, wenn man bedenkt, daß sich Q und A mit der gleichen Form des Enzyms, nämlich mit E, verbinden.

Ein Sonderfall dieses „geordneten Mechanismus" ist der Theorell-Chance-Mechanismus der Leber-Alkohol-Dehydrogenase.

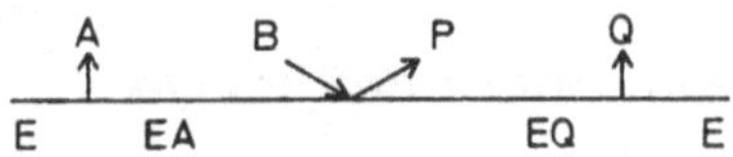

Er ist dadurch charakterisiert, daß die Konzentration des ternären Komplexes infolge hoher Isomerisierungsgeschwindigkeit sehr niedrig ist. P wird also sehr schnell aus B gebildet. Der geschwindigkeitsbestimmende Schritt ist hier die Dissoziation der Produkt-Coenzym-Enzymverbindung.

Ein weiterer Typ der sequentiellen Mechanismen ist die sog. nichtdeterminierte Reaktionsordnung („random mechanism"). Sie wird folgendermaßen dargestellt:

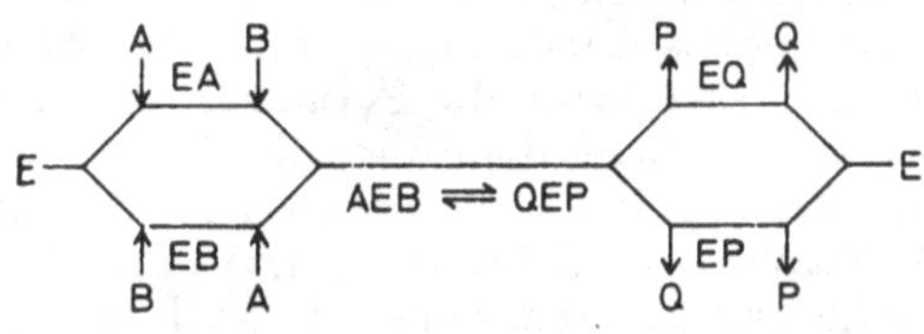

Charakteristisch hierfür ist, daß die Substrate A und B sowie die Produkte P und Q mit jeder komplementären Form des Enzyms (E, EA, EB bzw. E, EP, EQ) reagieren können, so daß keine bestimmte Reihenfolge in der Bindung und Dissoziation der Substrate und Produkte existiert. Die Bindung eines Substrates beeinflußt nicht die Affinität des zweiten Substrates zum Enzym. Mindestens zwei Möglichkeiten müssen auseinandergehalten werden: Die geschwindigkeitsbestimmende Reaktion ist die Umwandlung des zentralen ternären Komplexes oder sie ist eine beliebig andere Reaktion in der Reaktionssequenz. Für den letzteren Fall sind keine Enzyme bekannt. Der ersten Form gehorchen einige phosphatübertragende Enzyme wie Phosphokreatinkinase und Pyruvatkinase. Hierfür wurde der Name „Rapid-Equilibrium-Random-Mechanism" eingeführt.

1.3.5.2. Nichtsequentieller Reaktionstyp

Dieser ist der Ping-Pong-Mechanismus. Dieser Typ liegt bei den Transaminasen, einigen Flavoproteinen und der Phosphoglucomutase vor. Er ist folgendermaßen charakterisiert:

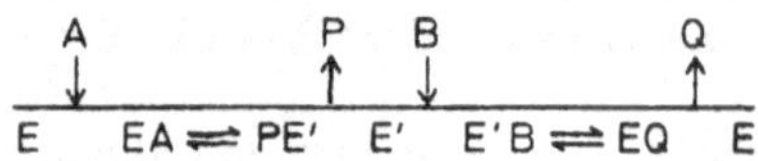

Hier wird das erste Produkt vor der Reaktion des Enzyms mit dem zweiten Substrat gebildet. Im Falle der Transaminasen bedeutet dies, daß sich die Aldehydform des Pyridoxalphosphat-Enzyms mit der Aminosäure verbindet und sich dabei die Pyridoxaminform des Enzyms bildet. Von dieser dissoziiert die Ketosäure, die aus dem ersten Substrat gebildet wurde, ab. Die Pyridoxaminform des Enzyms verbindet sich danach mit der Acceptor-Ketosäure als zweitem Substrat. Nach erfolgter Umwandlung des binären Komplexes (das Pyridoxalphosphat-Enzym wird als eine einzige Verbindung angesehen) wird das Produkt abgegeben (Abb. 12).
Beide Substrate ergeben in der Lineweaver-Burk-Auftragung jeweils parallele Geraden, wenn man das eine Substrat in seiner Konzentration verändert und das andere jeweils konstant läßt.

Die Neigung dieser Geraden ist $\frac{K_{MA}}{V}$ bzw. $\frac{K_{MB}}{V}$.

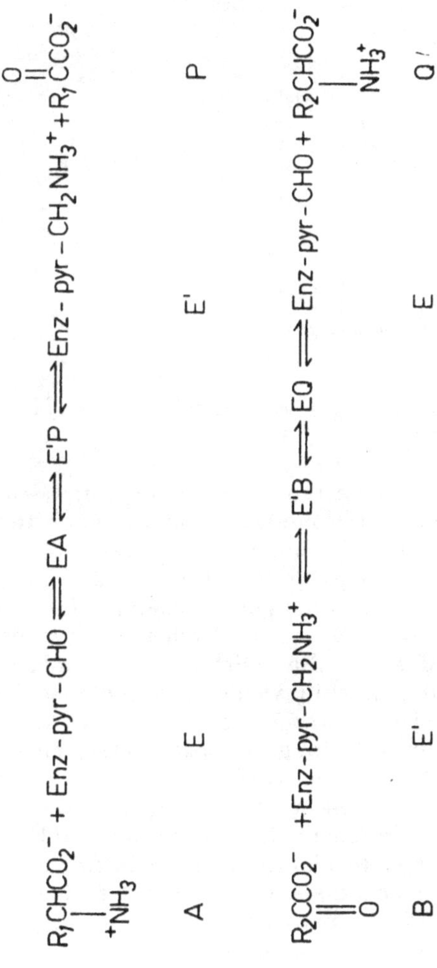

Erläuterung: Pyr - CHO: Pyridoxalphosphat
Pyr - $CH_2NH_3^+$: Pyridoxaminophosphat

Abb. 12: Reaktionsmechanismus von Transaminasen

Dadurch kann ein Ping-Pong-Mechanismus eindeutig von einem sequentiellen Mechanismus unterschieden werden.

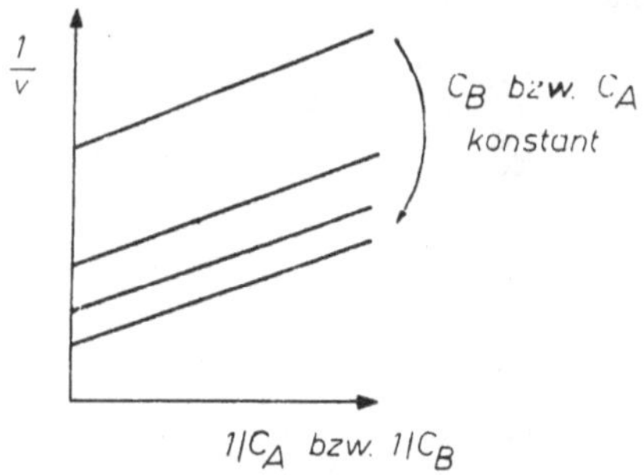

Abb. 13: Ping-Pong-Mechanismus (z. B. Transaminase)

1.3.6. Methoden zur Messung individueller Geschwindigkeitskonstanten

Die Geschwindigkeitskonstanten für Bildung und Spaltung des Enzym-Substrat-Komplexes sind sehr groß. Ihre Größenordnungen sind: a) bimolekulare Geschwindigkeitskonstante für *ES*-Bildung (k_{+1}) 10^7—10^8 M^{-1} $\sec^{-1}$; b) monomolekulare Geschwindigkeitskonstante für *ES*-Dissoziation (k_{-1}) 10^2—10^4 $\sec^{-1}$; Isomerisierung des Proteins: 10^{-2}—10^7 $\sec^{-1}$. Da mittels herkömmlicher kinetischer Methoden nur in wenigen Ausnahmefällen individuelle kinetische Konstanten bei Enzymen ermittelt werden können, wurde es nötig, spezielle Verfahren zur Messung sehr schneller chemischer Reaktionen auszuarbeiten. Wir wollen in diesem Zusammenhang zwei derartige Verfahren kennenlernen: Die Fluß(flow-)- und Relaxationstechnik. Das erstgenannte Verfahren erlaubt die Messung von Reaktionen, die innerhalb einer Spanne von $5 \cdot 10^{-3}$ bis $5 \cdot 10^{+2}$ sec und das zweite solche, die innerhalb $1 \cdot 10^{-6}$ bis $1 \cdot 10^{0}$ sec ablaufen.

Zur Messung schneller Reaktionen werden folgende Prinzipien angewandt: 1. Auf optischem Wege werden die

Eigenschaften miteinander reagierender Substanzen in einem fließenden oder plötzlich gestoppten System („stopped-flow") verfolgt. 2. Es werden die Veränderungen eines Systems nach einem schnellen Einzelimpuls (Temperatur- oder Drucksprung) oder nach periodischen Impulsen beobachtet. Bei den Flußsystemen unterscheidet man Systeme für konstanten, beschleunigten und gestoppten Fluß. In Abbildung 14 ist ein derartiges System wiedergegeben. Die beiden reagierenden Substanzen werden in einem Y-Stück mit hoher Geschwindigkeit zusammengeführt, dabei gemischt und eine bestimmte Strecke vorgetrieben. Danach wird der Fluß plötzlich gestoppt und in einem senkrecht zur Flußrichtung angebrachten optischen System die Veränderungen der optischen Dichte bei bestimmter Wellenlänge verfolgt. Die erhaltenen Ergebnisse werden durch einen Oszillographen sichtbar gemacht. Diese Anordnung erlaubt die bi- und monomolekularen Geschwindigkeitskonstanten von Enzym-Substrat-Reaktionen zu bestimmen. Die Flußsysteme wurden ursprünglich für die Erforschung der Reaktionskinetik des Hämoglobins mit Kohlenmonoxyd und Sauerstoff entwickelt, sie finden gegenwärtig sehr breite Anwendung in der Enzymkinetik.

Das zeitliche Auflösungsvermögen der Flußsysteme liegt kaum unter einer halben bis einer Millisekunde. Demgegenüber können mit Relaxationsmethoden Reaktionsgeschwindigkeiten gemessen werden, die mehrere Zehnerpotenzen größer sind.

Das Prinzip dieser Technik besteht darin, daß ein System durch eine Störung von außen plötzlich aus dem chemischen Gleichgewicht gebracht und danach die Einstellung eines neuen Gleichgewichtes messend verfolgt wird. Solche Störgrößen sind vor allem Temperatur- oder Drucksprünge, die nahezu rechtwinklig auf das System innerhalb einer Zeitspanne von 10^{-7} sec einwirken. Durch entsprechende Techniken (optische Dichte, Fluorimetrie, Polarimetrie) wird die Kinetik der verzögert einsetzenden Antwort („Relaxation") des Systems gemessen.

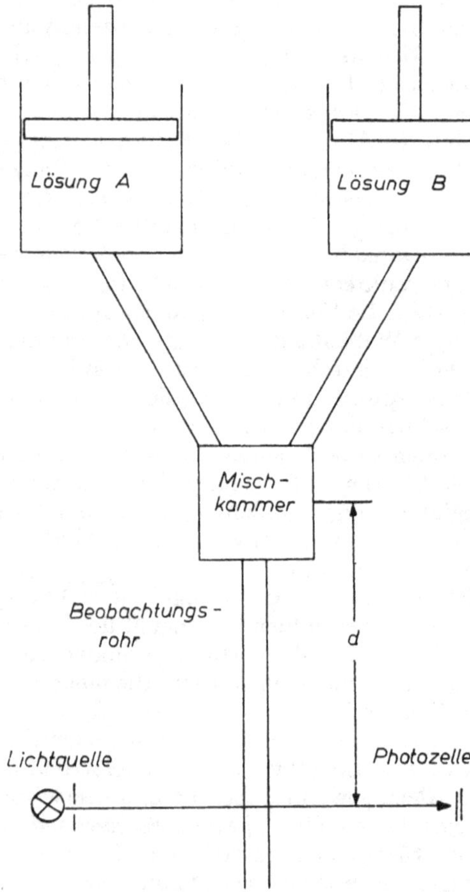

Abb. 14: Schema des Flow-Systems

Da sich das Gleichgewicht nur wenig verändert, folgen solche Reaktionen im allgemeinen Reaktionen 1. Ordnung. Als Beispiel sei die Reaktion von A und B gewählt:

$$A + B \underset{k_{-1}}{\overset{k_{+1}}{\rightleftharpoons}} AB$$

a = Konzentration von A zur Zeit t
a_1 = Konzentration von A im alten Gleichgewicht
a_2 = Konzentration von A im neuen Gleichgewicht
τ = sog. Relaxationszeit, d. i. eine Funktion der Geschwindigkeitskonstanten und der Gleichgewichtskonzentrationen
b_2 = Konzentration von B im neuen Gleichgewicht

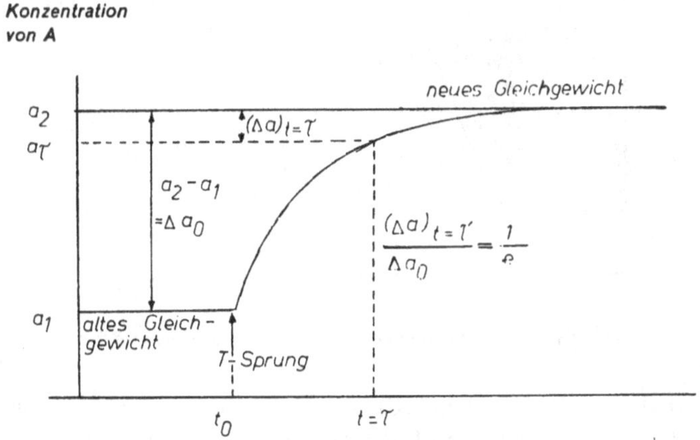

Abb. 15: Relaxationskinetik (zur Zeit t_0 wird die Temperatur durch einen Hochspannungsimpuls sprunghaft erhöht)

$$\frac{1}{\tau} = [k_{-1} + k_{+1}\,(a_2 + b_2)].$$

Die Abhängigkeit der Relaxationszeit τ von der Konzentration der Reaktionspartner macht die Berechnung von k_{+1} und k_{-1} möglich. Die Relaxationstechnik hat breite Anwendung in der Enzymkinetik gefunden.

1.3.7. Allosterische Enzyme

Bisher wurden die Eigenschaften solcher Enzyme besprochen, die eine hyperbelförmige Abhängigkeit der Enzymaktivität von der Substratkonzentration ergeben (Abb. 6, 16, Gl. (26)). Eine solche „Enzymkennlinie"

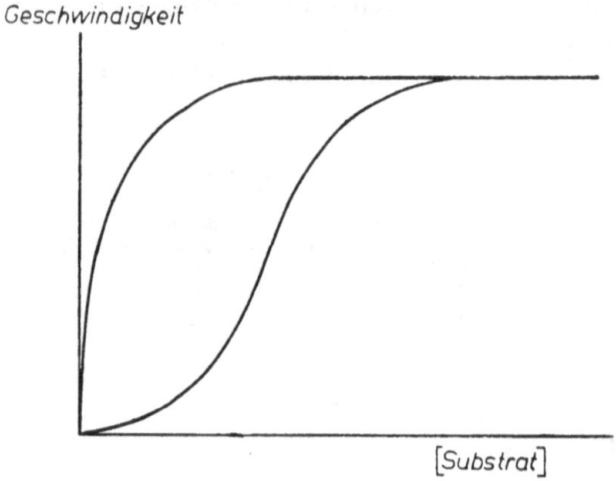

Abb. 16: MICHAELIS-MENTEN-Verhalten und kooperative Kinetik

wird zwar bei vielen, aber nicht bei allen Enzymen erhalten. In vielen Stoffwechselwegen kommen Enzyme vor, die keine hyperbelförmige, sondern eine s-förmige oder „sigmoidale" Kennlinie besitzen. Bei diesen Enzymen steigt die Geschwindigkeit v zunächst langsam an, wird dann mit steigender Substratkonzentration immer schneller, bis sie schließlich in die Maximalaktivität übergeht. Solche Enzyme mit s-förmiger Kennlinie haben im allgemeinen eine große regulatorische Bedeutung im Stoffwechsel. Sie wurden von MONOD als *allosterische*

Enzyme bezeichnet. Der Name „allosterisch" rührt daher, daß diese Enzyme in ihrer Aktivität durch Metabolite beeinflußt (d. h. gehemmt oder aktiviert) werden, die kaum eine chemische Verwandtschaft mit den Substraten, Produkten oder Coenzymen des betreffenden Enzyms aufweisen. Eine hyperbelförmige Kennlinie kommt dann zustande, wenn das Enzym entweder nur eine Bindungsstelle für das Substrat hat oder wenn bei Anwesenheit mehrerer Substratbindungsstellungen diese kinetisch völlig unabhängig voneinander sind. Die sigmoide Kinetik deutet auf eine Reaktion höherer Ordnung hin, die eintritt, wenn ein oligomeres Enzymprotein mit mehr als einem Substratmolekül obligatorisch reagiert und die substratbindenden Zentren auf den verschiedenen Subeinheiten untereinander in mehr oder weniger engen Wechselwirkungen stehen. Man spricht in diesem Falle von einer *Kooperativität* zwischen den substratbindenden Stellen am oligomeren Enzymmolekül. Als Folge dieser Wechselwirkungen erhöht ein an eine Bindungsstelle eines oligomeren Proteinmoleküls gebundenes Substratmolekül durch Induktion einer Conformationsänderung die Affinität der anderen Bindungsstellen um ein Mehrfaches. Bei Bindung eines zweiten Substratmoleküls wird eine weitere Affinitätssteigerung an den noch freien Stellen induziert usw.

$$E + nS \leftrightarrows ES_n \rightarrow E + nP \tag{60}$$

$$K = \frac{E \cdot S^n}{ES_n} \tag{61}$$

K ist das Produkt der Dissoziationskonstanten der n-Bindungsstellen am oligomeren Enzymprotein. Aus kinetischen Experimenten allein ist es nicht möglich, die Zahl der Bindungsstellen zu ermitteln. Die Lage der s-Kurve und ihre Steilheit ergibt sich nämlich aus zwei Parametern: Der Zahl der Bindungsstellen und der Stärke ihrer Wechselwirkungen. Ein graphisches Verfahren zur

Ermittlung des Sigmoidizitätskoeffizienten n', der sich aus diesen beiden Größen zusammensetzt, fußt auf der empirischen HILL-Gleichung, die für die Sauerstoffbindungskurve des Hämoglobins, welches als gutuntersuchtes Modellprotein für allosterische Enzyme infolge seiner s-förmigen Sauerstoffbindungskurve dient, abgeleitet wurde. Aus den Gleichungen (60) und (61) ergibt sich unter Berücksichtigung der allgemeinen Gesetze der Enzymkinetik

$$\frac{v}{V_{\max} - v} = \frac{S^n}{K} \qquad (62)$$

$$\log \frac{v}{V_{\max} - v} = n \log S - \log K. \qquad (63)$$

Die entsprechende HILL-Gleichung für das Hämoglobin lautet

$$\log \frac{Y}{1 - Y} = n \log p + \log K \qquad (64)$$

(Y = Sättigungsgrad des Hämoglobins an Sauerstoff, p = Partialdruck des Sauerstoffs, K = Gleichgewichtskonstante). Trägt man $\log \frac{v}{V_{\max} - v}$ bei einer Enzymreaktion gegen $\log S$ bzw. $\log \frac{Y}{1 - Y}$ gegen $\log p$ beim Hämoglobin auf, so erhält man zumindest bei mittleren S- oder p-Werten eine Gerade mit der Neigung n'. Beim Hämoglobin ist $n' = 2{,}7$. Das Hämoglobin bindet jedoch vier Moleküle Sauerstoff pro Mol. Bei Enzymen mit hyperbelförmiger Kennlinie ergibt sich ein n' von eins, bei allosterischen Enzymen wird ein Wert von größer als eins erhalten. Der Sigmoidizitätskoeffizient n' gibt nur dann die wahre Zahl n der Bindungsstellen für den betreffenden Liganden wieder, wenn die Stärke der Wchselwirkungen zwischen den Subeinheiten des oligomeren Proteinmoleküls sehr groß ist. Charakteristisch für ein allosterisches Enzym ist, daß Steilheit und Lage seiner s-Kurve bei Anwesenheit einer Reihe von Metaboliten verändert werden können. Man bezeichnet sie als Effektoren. Sie haben keinen Einfluß auf die Maximalgeschwindigkeit, verändern aber die Affinität des Enzyms zum Substrat und die Kooperativität (d. h. Stärke der Wechselwirkungen) zwischen den substratbindenden Stellen am Enzymmolekül. Man unterscheidet positive (Verschiebung der Kurve nach links) und negative (Verschiebung der Kurve nach rechts) Effektoren (Abb. 17).

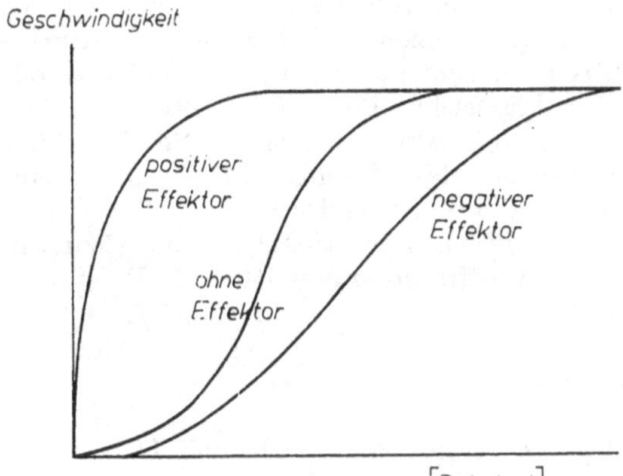

Abb. 17: Wirkungen positiver und negativer Effektoren auf allosterische Enzyme

Aus der Abbildung 17 ist zu ersehen, daß derartige Effektoren, die, wie erwähnt, chemisch wenig oder keine Verwandtschaft zu den Substraten oder Produkten eines allosterischen Enzyms haben brauchen, Verstärkerwirkungen auf die Enzymaktivität ausüben können. Sie können z. B. bei nichtsättigender Substratkonzentration infolge der Sigmoidizität der Kennlinie die Enzymaktivität äußerst wirksam steigern (positive Effektoren) oder drosseln (negative Effektoren). Für diese Effektoren stehen an den allosterischen Enzymen besondere Bindungsstellen zur Verfügung, die als allosterische oder regulatorische Zentren bezeichnet werden. Negative allosterische Effektoren sind z. B. CTP für die Aspartat-Transcarbamylase, Isoleucin für die Threonindesaminase und ATP sowie Citrat für die Phosphofruktokinase. Positive Effektoren sind z. B. AMP für Phosphofruktokinase und Isocitronensäuredehydrogenase oder Fructosediphosphat für die Pyruvatkinase. Effektoren können entweder lediglich eine Parallelverschiebung der s-Kurve nach rechts oder links ohne Veränderung von n' (d. h. ohne Veränderung der Kooperativität) bewirken oder auch die Wechselwirkungen zwischen den substratbindenden Zentren am oligomeren Protein stärken oder schwächen. Ein klassisches Beispiel für einen negativen Effektor sind die sog. „Bohr-Protonen" für das Hämoglobin: Protonierung des Hämoglobins führt zu einer Rechtsverschiebung der Sauerstoffbindungskurve (Verminderung der Affinität), ohne daß dabei eine Veränderung des Sigmoidizitätskoeffizienten eintritt (s. T. I).

1.3.7.1. Modelle allosterischer Enzyme

Wie erwähnt, weist die s-förmige Kennlinie eines allosterischen Enzyms auf eine Reaktion höherer Ordnung hin, in deren Verlauf das Enzymmolekül mehrere Moleküle Substrat bindet. Diese Bindungsstellen stehen untereinander in mehr oder weniger starken Wechselwirkungen.

Folgende Denkmöglichkeiten existieren für die Erklärung einer solchen eigenartigen Kinetik:

1. Das aus Subeinheiten zusammengesetzte Enzym erleidet bei der Bindung eines Substratmoleküls eine Konformationsänderung in einer der Subeinheiten, die zur Folge hat, daß die Affinität der anderen Bindungsstellen multiplikativ gesteigert wird; bei der Besetzung einer weiteren Stelle würde es zu einer weiteren Affinitäts-

erhöhung der noch unbesetzten Stellen zum Substrat kommen usw. Dies setzt sich fort, bis Sättigung erreicht ist. Diese Vorstellung ist die Grundlage der Theorie von KOSHLAND. Sie ist sinngemäß auch anwendbar auf die Wirkung von positiven und negativen Effektoren auf die Enzymaktivität.

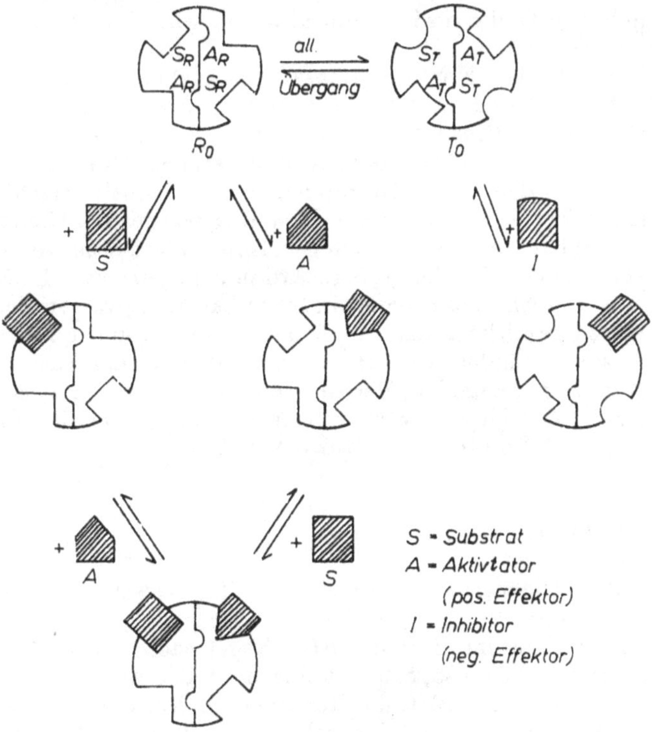

Abb. 18: Schema des allosterischen Übergangs nach MONOD

S = Substrat

A = Aktivator (positiver Effektor)

I = Inhibitor (negativer Effektor)

(nach MAHLER-CORDES)

2. Ein zweites Modell wurde von MONOD, WYMAN und CHANGEUX entwickelt. Danach liegt ein Protein bei Abwesenheit eines Liganden in zwei verschiedenen Konformationszuständen R_0 und T_0 vor (Abb. 18), die miteinander in einem Massenwirkungsgleichgewicht stehen. Die Umwandlung der einen Konformation in die andere bezeichnet man als „allosterischen Übergang“, die zugehörige Gleichgewichtskonstante als allosterische Konstante.

Die beiden Konformationszustände sind symmetrisch aufgebaut und bestehen aus Subeinheiten. Die mikroskopischen Dissoziationskonstanten der einzelnen Bindungsstellen sind in jedem Konformationszustand gleich, zwischen den beiden Zuständen sind sie jedoch verschieden. Die Gegenwart eines Liganden würde das Gleichgewicht in Richtung desjenigen Konformationszustandes verschieben, der die größere Affinität zu ihm hat. Es ist verständlich, daß daraus ein scheinbar kooperatives Verhalten resultiert, das durch die s-Kurve ihren äußeren Ausdruck findet. Ein Aktivator wird von dem Zustand bevorzugt gebunden, der die höhere Affinität zum Substrat (R_0), der Inhibitor von dem Zustand, der die niedrigere Affinität zum Substrat hat (T_0).

1.4. Einfluß der Temperatur

Jede chemische Reaktion wird in ihrer Geschwindigkeit durch eine Erhöhung der Temperatur gesteigert (s. S. 8). Dieser Tatsache liegt die RGT-Regel nach VAN'T HOFF zugrunde. Diese sagt aus, daß sich bei der Erhöhung der Temperatur um 10 °C die Reaktionsgeschwindigkeit etwa verdoppelt. Die RGT-Regel hat auch Gültigkeit für enzymatische Reaktionen, jedoch nur in einem bestimmten Temperaturbereich, da bei Erhöhung der Temperatur über 40 bis 50 °C eine Zerstörung des Katalysators (des Enzymeiweißes) infolge Hitzedenaturierung eintritt. Oberhalb dieses Temperatur-Optimums (Abb. 19) sinkt die

Reaktionsgeschwindigkeit infolge Hitzelabilität des Enzyms sehr steil ab.

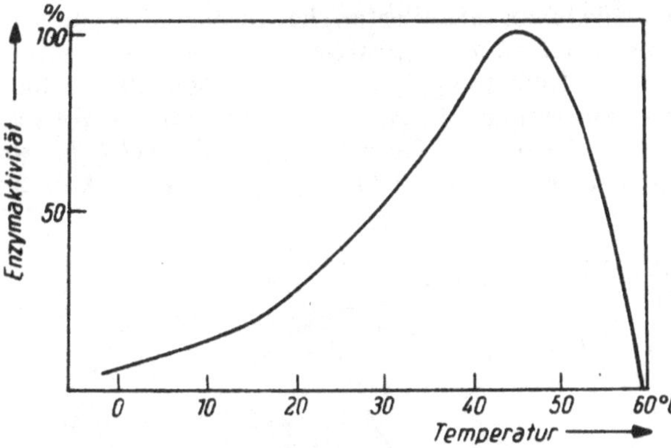

Abb. 19: Abhängigkeit der Enzymaktivität von der Temperatur

Die Ursache dieses raschen Absinkens der Reaktionsgeschwindigkeit ist der sehr hohe Q_{10}-Wert der Eiweißdenaturierung. Durch das Vorhandensein eines Temperatur-Optimums unterscheidet sich eine enzymatische Reaktion wesentlich von einer Reaktion, die durch einen anorganischen Katalysator beschleunigt wird.

Thermophile Bakterien enthalten Enzyme, die erst bei wesentlich höheren Temperaturen als die von mesophilen denaturieren. So kommen im B. stearothermophilus drei verschiedene Aminopeptidasen vor, von denen eine ein Temperaturoptimum von 90 °C hat. Obligat thermophile Stämme produzieren viel von diesem Enzym, obligat mesophile mehr von den beiden anderen. Bei fakultativen Stämmen kommen alle drei Enzyme in vergleichbaren Mengen vor.

1.5. *Einfluß des pH-Wertes*

Die unterschiedliche Dissoziation eines Eiweißmoleküls bei verschiedenen pH-Werten hat infolge Veränderung der Eigenschaften der substratbindenden und aktiven Zentren im Enzymmolekül eine unterschiedliche katalytische Wirksamkeit in Abhängigkeit vom *pH-Wert* zur Folge. Man kennt bei jedem Enzym ein *pH-Optimum*, welches mehr oder weniger breit ausgeprägt ist (Abb. 20).

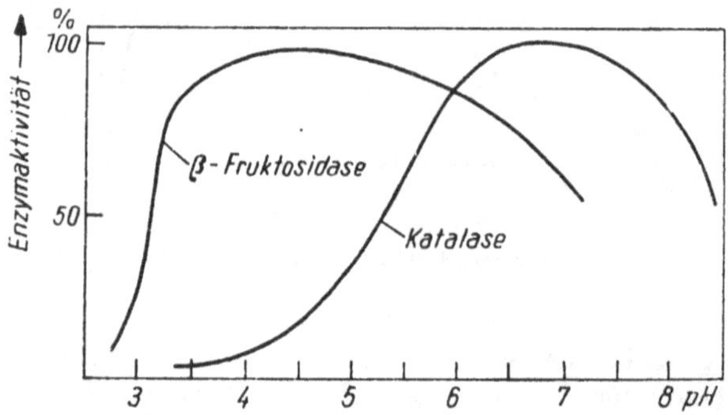

Abb. 20: Abhängigkeit der Enzymaktivität vom pH-Wert

Der Einfluß des pH-Wertes auf die enzymatische Wirksamkeit wird auf vier Gründe zurückgeführt: 1. Das Enzym erleidet an den pH-Extremen irreversible Veränderungen, 2. an beiden Flanken des pH-Optimums kommt es zur Abdissoziation möglicherweise vorhandener prosthetischer Gruppen oder Coenzyme, 3. es treten Veränderungen der Ionisation bzw. Dissoziation des Substrates ein, 4. es kommt zu Veränderungen in der Ionisation bestimmter funktioneller Gruppen am Enzym und damit zu Veränderungen in der Bindungsaffinität des Enzyms zum Substrat und zu Veränderungen in der Maximalaktivität. Auf die Punkte 3 und 4 ist im wesentlichen die Existenz eines pH-Optimums zurückzuführen. Es handelt sich hier um reversible pH-Effekte. Dies muß besonders herausgestellt werden.

Durch Bestimmung von V und K_M in Abhängigkeit vom pH-Wert lassen sich Rückschlüsse auf die Natur der Gruppen ziehen, die an der Substratbindung und am katalytischen Prozeß selbst beteiligt sind.

Voraussetzung für das Studium des pH-Einflusses auf die *Maximalaktivität* V ist, daß die Substratkonzentration über den gesamten getesteten pH-Bereich ausreicht, das Enzym zu sättigen. Nur in diesem Falle ist gewährleistet, daß der pH-Effekt sich ausschließlich auf den Ionisationszustand des ES-Komplexes erstreckt und unabhängig von der Ionisation des freien Enzyms oder des Substrates ist. Die Zerfallskonstante des ES-Komplexes k_{+2} denkt man sich aus zwei Termen zusammengesetzt, nämlich der eigentlichen Geschwindigkeitskonstante k'_{+2} für den Zerfall der reaktionsfähigen Ionenart (sie sei ES^m genannt, m bedeutet die Zahl der negativen Ladungen am Enzym) und der entsprechenden pH-Funktion, die die Konzentration dieser Ionenspezies an irgendeinem beliebigen pH-Wert bestimmt.

$$k_{+2} = \frac{k'_{+2}}{1 + \frac{[H^+]}{K_1} + \frac{K_2}{[H^+]}} = \frac{k'_{+2}}{f^-_{ES}} \tag{65}$$

Der Nenner in Gl. (65) wird *pH-Funktion* genannt. Diese ergibt sich aus den Gleichgewichtsbedingungen einer in zwei Stufen dissoziierenden Gruppe AH_2, die die Ionisationskonstanten K_1 und K_2 hat.

$$K_1 = \frac{[AH^-][H^+]}{[AH_2]} \quad (66\,a) \qquad\qquad K_2 = \frac{[A^{2-}][H^+]}{[AH^-]} \quad (66\,b)$$

Ihre Gesamtmenge A_T ist die Summe aller Arten dieser Gruppe

$$A_T = [AH_2] + [AH^-] + [A^{2-}]. \tag{67}$$

Wenn man die Ionisationsgleichungen für jede dieser Formen löst und deren Anteile an der Gesamtzahl der Teilchen errechnet, so ergibt sich:

$$[AH_2] = \frac{A_T}{1 + \frac{K_1}{[H^+]} + \frac{K_1 K_2}{[H^+]^2}} = \frac{A_T}{f} \tag{68}$$

$$[AH^-] = \frac{A_T}{1 + \frac{[H^+]}{K_1} + \frac{K_2}{[H^+]}} = \frac{A_T}{f^-} \tag{69}$$

$$[A^{2-}] = \frac{A_T}{1 + \frac{[H^+]}{K_2} + \frac{[H^+]^2}{K_1 K_2}} = \frac{A_T}{f^{2-}} \tag{70}$$

Daraus folgt:

$$A_T = f[AH_2] = f^-[AH^-] = f^{2-}[A^{2-}]. \tag{71}$$

f, f^- und f^{2-} werden als MICHAELIS-pH-Funktionen bezeichnet.

Ausgehend von Gl. (65) erhalten wir unter Berücksichtigung der Gesetze der allgemeinen Enzymkinetik

$$v = k'_{+2} \cdot \frac{[ES]}{f^-ES} \tag{72}$$

Die Maximalgeschwindigkeit ergibt sich aus Gl. (73).

$$V = \frac{k'_{+2}[E]}{f^-_{ES}} = \frac{k'_{+2}[E]}{1 + \frac{[H^+]}{k_{(ES)_1}} + \frac{K_{(ES)_2}}{[H^+]}} \tag{73}$$

$K_{(ES)_1}$ und $K_{(ES)_2}$ sind die Ionisationskonstanten auf der sauren und alkalischen Seite der pH-Kurve des Komplexes.

Bei Auftragung von V gegen den pH-Wert ergibt sich eine charakteristische Kurve (Abb. 21a). Die Schnittpunkte der gestrichelten Linien geben die beiden Ionisationskonstanten der entsprechenden Gruppen am Enzym-Substrat-Komplex in der Form von $pK_{(ES)_1}$ und $pK_{(ES)_2}$ wieder.

Grundsätzlich gleiche Überlegungen gelten für den Einfluß des pH-Wertes auf die MICHAELIS-Konstante. Bei ihrer Auftragung gegen den pH-Wert erhält man ebenfalls eine charakteristische Kurve, aus der sich die pK-Werte der für die Bindung des Substrates an das Enzym verantwortlichen funktionellen Gruppen ergeben (Abb. 21b).

Es gilt die Faustregel, daß Kurvenkrümmungen konkav zur pH-Achse (d. h. Verringerung der Neigung mit steigendem pH-Wert) pK-Werte des freien Enzymes (oder Substrates) und konvexe Krümmungen solche des ES-Komplexes wiedergeben.

Die pK-Werte des Enzyms sind in der Abbildung 21 mit pK_{E_1} und pK_{E_2} bezeichnet.

Derartige Auftragungen sind symmetrisch, wenn das Substrat selbst nicht in diesem pH-Bereich ionisiert. Eine Asymmetrie entsteht dann, wenn das Enzym oder der ES-Komplex in mehr als drei Formen (AH_2. AH^-, A^{--}) vorkommt.

Der Vorteil einer eingehenden Analyse des Einflusses des pH-Wertes auf die kinetischen Parameter einer Enzymreaktion liegt darin, daß dadurch Kenntnisse über die Natur der substratbindenden Gruppen am Enzymmolekül erhalten und Einblicke in den Mechanismus der Enzymreaktion selbst gewonnen werden können. Die Tabelle 9 im Teil I gibt einen Überblick über die pK-Werte funktioneller Gruppen von Aminosäuren innerhalb eines Eiweißmoleküls. Zur Sicherung der so erhaltenen Ergebnisse sind jedoch weitere Verfahren, z. B. spezifische Blockierung oder Modifizierung bestimmter Gruppen des Enzymmoleküls, anzuwenden.

1.6. Aktivatoren und Coenzyme

Während einige Enzyme ihre katalytische Aktivität als reine Proteine entfalten, brauchen andere Enzyme bestimmte, nicht-proteinartige Verbindungen für ihre volle Aktivität. Dabei gibt es ein breites Spektrum einfacher aktivierender Faktoren (Kationen und Anionen) bis zu solchen Substanzen, die stöchiometrisch oder katalytisch als „Cosubstrate“ oder „Coenzyme“ wirken und ohne die das betreffende Enzym völlig wirkungslos ist. Es gibt auch Fälle, wo Aktivatoren die Proteinstruktur des Enzyms ändern und dieses dabei aus der inaktiven Vorstufe in das aktive Enzymprotein umwandeln (autokatalytische Aktivierung des Pepsinogens zum Pepsin und des Trypsinogens zum Trypsin). Einfache Aktivierungen von Enzymen können bei Zu-

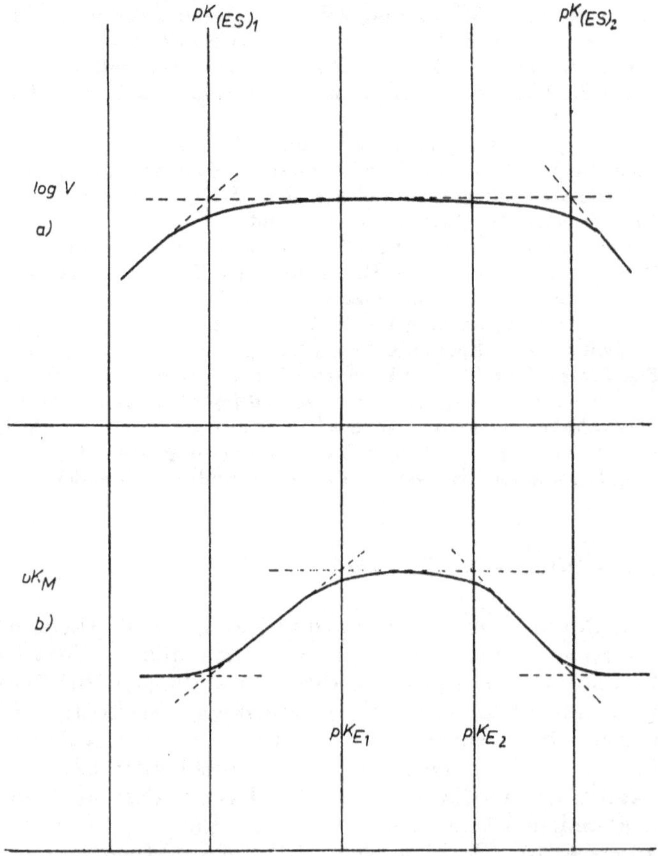

Abb. 21: pH-Einfluß auf Maximalgeschwindigkeit V und MICHAELIS-Konstante K_M

gabe von Metallionen auftreten. Solche aktivierenden Ionen können sein: K^+, Na^+ oder NH_4^+ (Phosphotransacetylase, ATPase, Pyruvatkinase, Phosphofructokinase), Mg^{++} (viele phosphatübertragende Enzyme), Mn^{++} (Peptidasen, β-Ketosäure-Decarboxylase usw.). Interessant ist, daß es auch Ionenantagonismen gibt. Na^+ kann als kompetitiver Inhibitor von K^+-Aktivierungen wirken. Ähnliche Antagonismen gibt es auch bei Mg^{++} und Ca^{++}, Mn^{++} und Zn^{++}. Manche Enzyme werden durch zwei verschiedenartige Metallionen aktiviert: Phosphofructokinase durch Mg^{++} und NH_4^+ bzw. K^+. Es gibt auch Enzyme, die durch Anionen aktiviert werden (α-Amylase durch Cl^-).

Bei manchen Enzymen ist das aktivierende Kation Bestandteil des Substrates und damit stöchiometrischer Reaktionsteilnehmer (z. B. Mg-Pyrophosphat im Falle der Pyrophosphatase, Mg-ATP bei der Hexokinase).

Von den einfachen Aktivatoren, die häufig nur sehr locker und nicht stöchiometrisch gebunden werden, müssen die Coenzyme oder prosthetischen Gruppen unterschieden werden. (Häufig bezeichnet man Coenzyme als lockergebundene, prosthetische Gruppen als festgebundene, nichteiweißartige Gruppen am Enzymmolekül.) In jedem Fall handelt es sich dabei um hochspezifische Beziehungen zwischen Enzymprotein und Coenzym. Die Coenzyme sind nicht schlechthin Aktivatoren, sondern gehen im katalytischen Prozeß stöchiometrische, häufig optisch oder anderweitig nachweisbare Zwischenverbindungen mit dem Enzym und dem Substrat ein.

Beispiele dieser Art sind NAD^+, $NADP^+$, FMN, FAD, Häm, Pyridoxalphosphat, Thiaminpyrophosphat und Coenzym A. Über die Beziehungen zwischen Enzym und Coenzym sind eingehende Vorstellungen entwickelt worden. Besonders weitgehend wurden u. a. die Alkoholdehydrogenasen untersucht. Die Leber-Alkoholdehydrogenase (Molgewicht 84000) bindet entweder 2 Mole NAD^+ oder 2 Mole $NADH_2$. Beide Formen konkurrieren um die gleichen Stellen am Enzymmolekül. Es gibt Hinweise dafür, daß SH-Gruppen des Enzymproteins an der Bindung der Coenzyme beteiligt sind. Enzymgebundene Zn^{++}-Ionen scheinen als Brücke zwischen Eiweiß- und Adenin-Anteil des Pyridinnucleotids zu fungieren. Bei der Dehydrierung von Äthylalkohol durch den NAD-Alkoholdehydrogenase-Komplex bildet sich ein ternärer Enzym-Coenzym-Substrat-Komplex (Abb. 22).

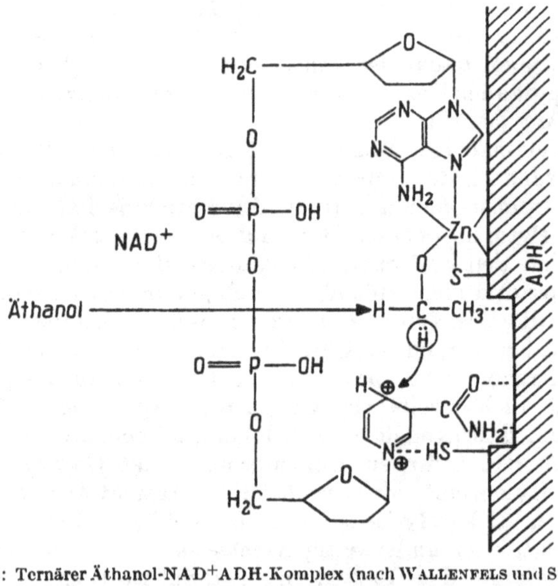

Abb. 22: Ternärer Äthanol-NAD+ADH-Komplex (nach WALLENFELS und SUND)

Durch Markierung der Substrate mittels Deuterium wurden Einblicke in den Mechanismus und die stereospezifische Reaktionsweise der Dehydrogenasen gewonnen. Die Alkoholdehydrogenase-Reaktion wurde entweder mit nichtmarkiertem Äthanol in D_2O oder deuteriertem Äthanol (CH_3CD_2OH) in H_2O durchgeführt. Das reduzierte NAD trug kein Deuterium, wenn die Reaktion in schwerem Wasser mit nichtmarkiertem Substrat verlief; es kam jedoch zur Bildung von NADD + H^+ bei Verwendung von deuteriummarkiertem Alkohol:

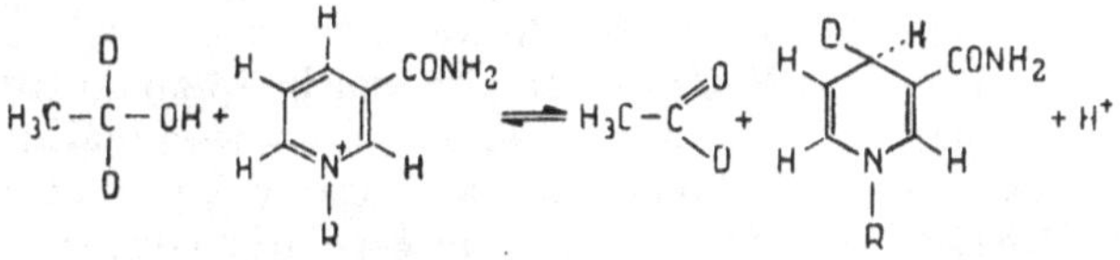

Diese Versuche zeigen

a) welche Wasserstoffatome des Substrates bei dessen Oxydation entfernt werden,

b) die Übertragung des Wasserstoffs als Hydrid-Ion (mit einem Elektronenpaar) bzw. als Deuterid-Ion an das γ-C-Atom des Pyridinringes bei gleichzeitiger Neuverteilung der Bindungselektronen und Zurücklassung eines in Lösung gehenden Wasserstoffions,

c) die unmittelbare Übertragung des Wasserstoffs vom Substrat auf das Coenzym ohne die Beteiligung des Wassers und

d) den stereospezifischen Verlauf der Reaktion, da bei Ablauf der Rückreaktion das Deuterium des NADD quantitativ im CH_3CD_2OH wiedergefunden wird.

Die beiden diastereomeren Formen des NAD (diese sind zwecks größerer Übersichtlichkeit statt des NADH angegeben) sind im folgenden dargestellt:

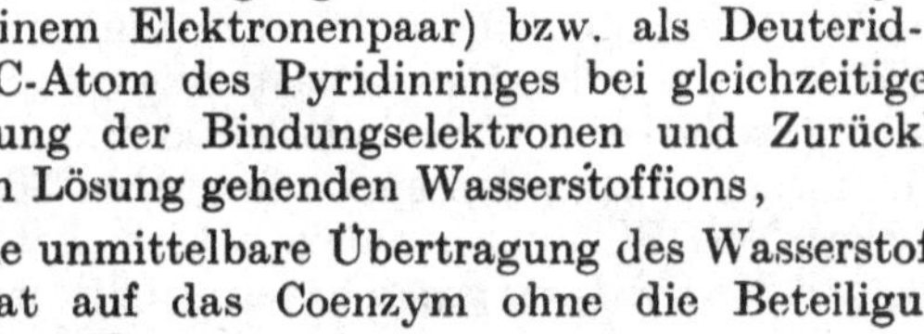

Es wurde gefunden, daß die verschiedenen Dehydrogenase-Reaktionen reduziertes NAD entweder nach Typ A oder Typ B bilden und auch wieder stereospezifisch oxydieren. Die Stereospezifitäten der NAD-abhängigen

Lactatdehydrogenase und Malatdehydrogenase stimmen mit denen der Alkoholdehydrogenase überein. Die beiden Enzyme entfernen das Deuterium, welches durch die Alkoholdehydrogenase bei Anwendung von markiertem Äthanol auf das NAD übertragen wurde, quantitativ aus der reduzierten Form und bilden deuteriummarkiertes Lactat bzw. Malat aus nichtmarkiertem Pyruvat bzw. Oxalacetat. Andere Dehydrogenasen, wie Glycerinaldehyd-3-phosphat-Dehydrogenase und Glucosedehydrogenase, weisen entgegengesetzte Stereospezifität auf.

Mit der Reduktion des NAD^+ zum $NADH_2$ verliert der Pyridinring seine aromatische Natur. Im $NADH_2$ befinden sich nur noch zwei Doppelbindungen im Ring. Der quarternäre Pyridiniumstickstoff wird zum 3 wertigen Stickstoff mit normaler Elektronenkonfiguration. Oxydiertes und reduziertes Pyridinnucleotid unterscheiden sich in ihrem Absorptionsspektrum (Abb. 30 Teil I). NAD^+ bzw. $NADP^+$ absorbieren kein Licht bei 340 nm, $NADH_2$ und $NADPH_2$ hingegen haben bei dieser Wellenlänge ein Absorptionsmaximum. Dieser Unterschied besitzt große praktische Bedeutung bei der Bestimmung der Coenzyme und der verschiedenen Dehydrogenasen (optischer Test nach Warburg).

Mittels optischer Methoden ließen sich auch die Beziehungen zwischen Coenzym und Enzymproteinen studieren. Grundlagen dafür waren interessante Änderungen der Lichtabsorption und der Fluoreszenz, die bei der Bindung der Coenzyme an manche Dehydrogenasen eintreten. Das Absorptionsmaximum des an Leber-Alkoholdehydrogenase gebundenen $NADH_2$ verschiebt sich von 340 nm (freies $NADH_2$) nach 325 nm. Dabei bildet sich ein binärer ADH-$NADH_2$-Komplex. Das Emissionsmaximum der Fluoreszenz des $NADH_2$ verschiebt sich bei Gegenwart von Leber-ADH von 462 nm nach 440 nm, wobei eine mehrfache Intensitätssteigerung der Fluoreszenz eintritt. Auch die Bildung von ternären Komplexen läßt sich spektralfluorometrisch verfolgen. Bei gelben Fermenten lassen sich ebenfalls Veränderungen im optischen Verhalten bei der Bindung des Coenzyms nachweisen. Alle diese Veränderungen haben eine große Rolle beim Studium der Assoziations- und Dissoziationsreaktionen von Enzym-Coenzym-Komplexen und der daran beteiligten Gruppen des Coenzyms und des Enzymproteins gespielt (THEORELL).

Wenn man Dehydrogenase- oder andere Reaktionen isoliert betrachtet, ist das Coenzym stöchiometrisch teilnehmender Reaktionspartner.

$$CH_3CH_2OH + NAD^+ \rightleftharpoons CH_3-C(=O)H + NADH + H^+$$

Es wird dann zu einem Coenzym, wenn das $NADH_2$ in einer sich daran anschließenden Reaktion reoxydiert wird. Während das NAD^+ also z. B. Coenzym der Atmung oder der Gärung ist, muß man es für die isoliert ablaufende Dehydrogenasereaktion als Substrat betrachten. Die Situation wird noch komplizierter, wenn man bedenkt, daß z. B. $NADH_2$, welches in einer bestimmten Dehydrogenasereaktion gebildet wird, das Enzymprotein verläßt und in einer völlig anderen Enzymkette seinen Wasserstoff für reduktive Prozesse abgibt. Damit werden $NADH_2$-Moleküle zu wasserstoffübertragenden Verbindungen. Für diese komplexen Aufgaben erscheint die Bezeichnung „Coenzym" zu eng. Als Beispiel sei die Bildung von $NADPH_2$ bei der Glucose-6-phosphat-Dehydrogenase-Reaktion und sein Verbrauch bei der Fettsäuresynthese erwähnt (s. Teil III).

1.7. Mechanismus von Enzymwirkungen

Eine Enzymreaktion läßt sich in folgende Einzelschritte zerlegen:

1. Bildung eines Enzym-Substrat-Komplexes,

2. „Aktivierung" dieses Komplexes durch Umlagerung seiner Struktur,

3. Umwandlung der Struktur des Substrates in die des Produktes,

4. Dissoziation des Enzym-Produkt-Komplexes.

Der Feinmechanismus einer durch ein Enzym katalysierten Reaktion erscheint dann aufgeklärt, wenn der katalytische Gesamtprozeß in stöchiometrisch ablaufende Einzelprozesse aufgegliedert ist. Dabei kommt es vor allem auf die Reaktionen an, die im Übergangszustand des Enzym-Substrat-Komplexes ablaufen. Wir haben dabei sowohl die Strukturgeometrie und die chemischen Eigenschaften des Substratmoleküls als auch die dreidimensionale Conformation des Enzymmoleküls sowie die Aminosäuresequenzen, die direkt oder indirekt an der Substratbindung teilnehmen, in Betracht zu ziehen.

Zum vollen Verständnis einer Enzymreaktion ist die Kenntnis folgender Parameter nötig: 1. Die Ermittlung des Grundmechanismus, 2. die Identifizierung der Aminosäuren, die an der Bindung des Substrates an das Enzymprotein sowie an der Knüpfung neuer und an der Spaltung alter Bindungen am Substratmolekül beteiligt sind, 3. die Bestimmung ihrer räumlichen Anordnung, 4. eine Vorstellung darüber, wie unter Berücksichtigung der beteiligten katalytisch wirksamen Gruppen die Geschwindigkeit der Gesamtreaktion des katalytischen Prozesses erklärt werden kann.

An einem Enzymmolekül gibt es ein oder mehrere *aktive Zentren.* Das sind bestimmte Aminosäuren oder Aminosäuresequenzen, die in engem Kontakt mit dem Substratmolekül stehen, dieses entweder adsorbieren oder mittels Haupt- bzw. Nebenvalenzen binden. Solche Aminosäuren müssen nicht benachbart in der Aminosäuresequenz sein. Infolge der räumlichen Struktur des Proteinmoleküls können auch solche Aminosäuren, die in der Primärstruktur weit voneinander entfernt sind, in enge Nachbarschaft kommen. Zu dem *aktiven Zentrum* rechnet man zweckmäßigerweise auch solche Aminosäurereste, die an der Enzymreaktion teilnehmen, ohne direkt das Substrat oder Produkt zu binden. Diese Überlegungen lassen den Schluß zu, daß der übrige Teil des Proteinmoleküls nicht unbedeutend für den katalytischen Prozeß ist. Sein Anteil an der Katalyse ist, daß er die am Prozeß selbst beteiligten Aminosäuren in eine entsprechende Lage und Anordnung zum Substratmolekül bringt und dadurch zur Optimierung des Gesamtprozesses beiträgt. Die Bedeutung der makromolekularen Struktur eines Proteinmoleküls geht auch noch aus einer anderen Überlegung hervor. Wenn an einer Enzymreaktion beispielsweise acht Aminosäurereste des Enzymproteins beteiligt sind, so würde, wenn die Aminosäuren in *freier* Form in Lösung vorliegen würden, eine Reaktion nur dann eintreten, wenn *gleichzeitig* alle acht Aminosäuren mit dem Substratmolekül zusammenstoßen würden, wir hätten dann eine Reaktion 9. Ordnung vor uns. Da schon Dreierstöße von Molekülen, namentlich bei niedrigen Konzentrationen, äußerst selten sind, wäre der Ablauf einer solchen Reaktion gänzlich ausgeschlossen. Wenn, wie in den Proteinen, alle diese Aminosäuren in *einem* Molekül vereinigt sind und dessen makromolekulare Struktur noch dazu deren räumliche Zuordnung determiniert, entstehen geradezu ideale Bedingungen für den Ablauf des katalytischen Prozesses. Da es in der lebendigen Natur keine anderen Substanzen als die Eiweiße gibt, die diese Voraussetzungen erfüllen, wird uns auch verständlich, warum Enzyme Proteine sind, geradezu sein müssen, und warum sie bei Denaturierung, also bei tiefgreifender Veränderung ihrer Conformation, ihre katalytischen Fähigkeiten einbüßen. Interessant ist, daß man bei einigen Enzymen bestimmte Anteile der Polypeptidkette ohne wesentliche Beeinträchtigung ihrer katalytischen Fähigkeiten entfernen kann, so z. B. beim Pepsin, Myosin, der Enolase und Ribonuclease.

Die Conformationsanalyse von Proteinen ergab, daß Änderungen in ihrer dreidimensionalen Struktur bei Bindung von Substraten oder Inhibitoren eintreten. Die beobachteten Conformationsänderungen demonstrieren, daß ein Enzymmolekül kein starres Gebilde ist, wie noch Emil FISCHER annahm („Schlüssel-Schloß-Prinzip"), sondern eine flexible Struktur besitzt. Diese Flexibilität ist wahrscheinlich Voraussetzung für den Ablauf des katalytischen Prozesses überhaupt, da dadurch Anpassungen und Annäherungen bestimmter Teile des Enzymmoleküls an das Substratmolekül erreicht werden, die für den katalytischen Prozeß notwendig sind („induced-fit-Hypothese" von KOSHLAND).

Da Proteine nicht nur in wäßrigen Lösungen (hohe strukturelle Flexibilität), sondern auch im kristallisierten Zustand mit stark eingeschränkter Flexibilität vorliegen können, entstand die wichtige Frage, ob Unterschiede in der katalytischen Aktivität eines Enzyms zwischen der Kristallform und der gelösten Form existieren. THEORELL und CHANCE fanden, daß die Alkoholdehydrogenase aus Pferdeleber in Lösung das 1000fache der Aktivität im Vergleich zum Kristall aufweist.

Selbstverständlich wurden dabei Begrenzungen der Reaktionsgeschwindigkeit durch Diffusion und durch andere sekundäre Effekte berücksichtigt. Dies zeigt die besondere Bedeutung von Conformationsänderungen des Enzyms für den katalytischen Prozeß. Da die Konzentration des Proteins in einem solchen Kristall sehr hoch ist und hohe Proteinkonzentrationen auch in biologischen Systemen erwartet werden können, tragen derartige Untersuchungen zur Kenntnis der intrazellulären Aktivität von Enzymen bei und fördern das Verständnis der Regulation des Zellstoffwechsels.

Entsprechend einer Vorstellung von RABIN kann bei langsam erfolgender Conformationsänderung (inaktiver → aktiver Zustand) und hohen Geschwindigkeiten der anderen Schritte der Gesamtreaktion eine s-förmige Abhängigkeit der Reaktionsgeschwindigkeit von der Substratkonzentration eintreten, ohne daß ein allosterischer Mechanismus nach den Vorstellungen von MONOD vorliegen muß

(s. S. 50). Die s-förmige Kennlinie kommt dabei zustande, daß bei kleinen Substratkonzentrationen die Conformationsänderung zum aktiven Zustand hin geschwindigkeitsbegrenzend ist, während bei hohen Substratkonzentrationen die aktive Form mit dem Substrat schneller reagiert als sie sich in die inaktive Form zurückverwandelt.

1.8. Grundprozesse der Katalyse

Die chemische Katalyse kann in zwei Gruppen eingeteilt werden: Die homogene Katalyse und die heterogene Katalyse. Letztere läuft an der Grenzfläche zwischen zwei Phasen ab. Obwohl es zahlreiche Möglichkeiten heterogener Katalyse im Stoffwechsel gibt (Prozesse der Atmung, membrangebundene Enzyme, Betrachtung eines Enzyms in wäßriger Lösung als Pseudophase), wollen wir uns in diesem Kapitel nur mit der homogenen Katalyse befassen.

Ein wichtiger Fall dieser Art ist die Säure-Basen-Katalyse (z. B. Abhängigkeit der Inversion der Saccharose von der H^+-Konzentration oder Abhängigkeit der Esterhydrolyse von der OH^--Konzentration). Da die alleinige Betrachtung von H^+- (eigentlich H_3O^+-(Hydronium)-Ionen) und OH^--Ionen häufig nicht ausreicht, wurde von Brönsted eine verallgemeinerte Form der Säure-Basen-Katalyse eingeführt, die die Beziehungen zwischen katalytischer Aktivität einer Säure und ihrem pK-Wert berücksichtigt. Eine spezifische Säure- oder Basenkatalyse liegt dann vor, wenn die Reaktionsgeschwindigkeit linear von der H_3O^+- oder OH^--Ionenkonzentration abhängt und nicht von anderen Säuren oder Basen (s. Definition von Brönsted, T. 1, S. 26) im System beeinflußt wird. Reaktionen, die von allen Säuren oder Basen im System abhängen, unterliegen einer allgemeinen Säure- oder Basenkatalyse (z. B. Mutarotation der Glucose). Vom kinetischen Standpunkt her ist der Unterschied zwischen der allgemeinen und spezifischen Säure-Basen-Katalyse folgender: Bei der ersteren ist die Protonenübertragung vom oder zum Katalysator der geschwindigkeitsbestimmende Schritt, während sich im zweiten Fall das Proton in einem sich schnell einstellenden Prägleichgewicht befindet. Infolge der Säure- und Basennatur der funktionellen Gruppen am Proteinmolekül kann dieser Katalysetyp als außerordentlich wichtig für die Enzymkatalyse angesehen werden.

Die katalytische Fähigkeit eines allgemeinen Säure- oder Basen-Katalysators hängt von seiner Säure- oder Basenstärke ab.

$$k_A = G_A K_A^{\alpha}$$

$$k_B = G_B K_B^{\beta}$$

k_A und k_B sind die katalytischen Konstanten für die Säure- und Basen-Katalyse, K_A bzw. K_B sind die Dissoziationskonstanten des Säurekatalysators bzw. des Basenkatalysators, G_A, G_B, α und β sind Konstanten, die von der Natur der Reaktion, des Lösungsmittels und von der Temperatur abhängen (BRÖNSTEDS Katalyse-Gesetze). Eine BRÖNSTEDsche Base kann in organischen Reaktionen als Protonenacceptor oder allgemein als nucleophile Substanz wirken.

Aus diesen Gründen unterscheidet man eine *Basenkatalyse* von einer *nucleophilen Katalyse.*

Weshalb erhöhen Säure-Basen-Katalysatoren die Reaktionsgeschwindigkeiten? Wenn man davon ausgeht, daß eine Änderung in der Elektronendichte am Reaktionszentrum des Substrates dessen Reaktionsfähigkeit steigert, dann läßt sich die Funktion eines Säure-Basen-Katalysators darauf zurückführen, daß er ein Proton entweder zuführt oder entfernt und dadurch das Substrat in einen reaktionsfähigeren Zustand bringt.

Eine andere Möglichkeit der Reaktionsweise eines Enzyms ist die Bildung einer kovalenten Enzym-Substrat-Verbindung. Es werden immer mehr Enzyme bekannt, die einem solchen Reaktionstyp folgen. Bei der kovalenten

Katalyse unterscheidet man zwei verschiedene Arten, solche, die durch einen nucleophilen und solche, die durch einen elektrophilen Angriff des Katalysators auf das Substrat charakterisiert sind. Die meisten Reaktionen dieser Art sind nucleophile Reaktionen.

Als Beispiel seien die durch Imidazol katalysierte Azylübertragung und Azylhydrolyse besprochen (X^-, Y^- = nucleophile Substituenten).

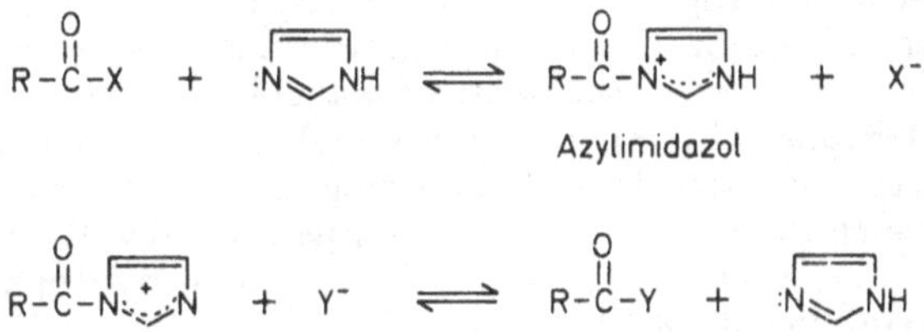

Imidazolgruppen sind auch als Bestandteile aktiver Zentren von Enzymen nachgewiesen worden. Daraus läßt sich entnehmen, daß solche Reaktionen wichtige Modelle für Enzymkatalysen sind.

Eine Frage von allgemeiner Bedeutung ist, ob die zu spaltende Bindung eines Substratmoleküls bei dessen Anheftung an das Enzym und der dabei eintretenden Conformationsänderung entweder „verdreht" oder auf besondere Weise „gespannt" wird. Röntgenographische Analysen am Lysozym-tri-N-acetylglucosamin-Komplex ergaben derartige Distorsionen an der zu spaltenden Verbindung des Substratmoleküls. Es kann aber noch nicht gesagt werden, ob derartige Veränderungen von allgemeiner Bedeutung sind. Infrarotstudien an der Carboanhydrase zeigten jedenfalls, daß das enzymgebundene CO_2 keine wesentlichen strukturellen Veränderungen erleidet. Die sog. „Spannungstheorie" der Enzymwirkungen ist demnach nicht auf alle Enzymreaktionen anwendbar.

Eine Alternativvorstellung zu dieser Hypothese ist die Theorie von der „erleichterten Protonenübertragung" über Wasserstoffbindungen. Diese ist aus der allgemeinen Säure-Basen-Katalyse abzuleiten.

Man stellt sich vor, daß CO_2 an hydrophobe Bezirke des Carboanhydraseproteins und nicht an das Zn-II-Ion gebunden wird, welches für die Enzymkatalyse ebenfalls von Wichtigkeit ist. Dieses Ion scheint in der Nähe der hydrophoben Region zu liegen, denn bei Bindung von Azid an das Zn-II-Ion tritt eine Hemmung des Enzyms ein, offenbar als Folge einer sterischen Hinderung der Substratbindung. Das Produkt der Reaktion HCO_3^- wird an das Zink-Ion durch sein negativ geladenes Sauerstoff-Atom gebunden. Das neutrale Sauerstoffatom und die OH-Gruppe wird an das hydrophobe CO_2-Zentrum angelagert. Bei der Dehydratisierung des HCO_3^- wird die Protonenübertragung von einer Spaltung der C–O-Bindung begleitet, wobei das CO_2 an dem hydrophoben Zentrum verbleibt (Abb. 23).

In der Rückreaktion wird das an das Zn-II-Ion gebundene OH^- an das gebundene CO_2 unter HCO_3^--Bildung überführt.

Eine weitgehende Aufklärung hat der Mechanismus der Ribonucleasewirkung erfahren.

Die Funktion der RNase hängt von drei essentiellen Gruppen ab, nämlich von His-12, His-119 und der ε-

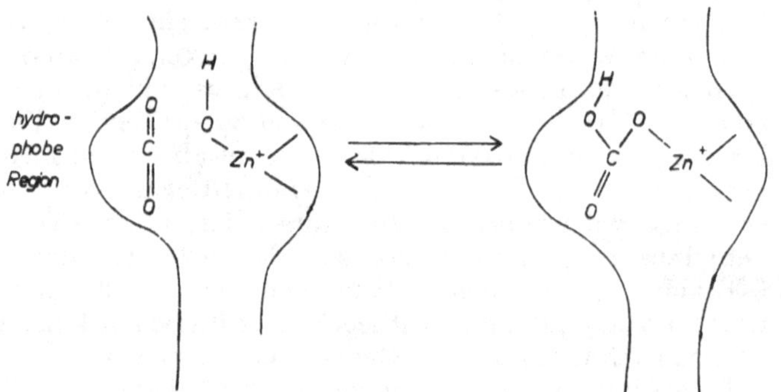

Abb. 23: Katalytischer Mechanismus der Carboanhydrase

Aminogruppe von Lys-41 (s. Teil I, S. 51). Diese drei zu verschiedenen Teilen des Moleküls gehörigen Gruppen bilden das aktive Zentrum der nativen RNase, indem sie in eine enge Nachbarschaft miteinander und mit dem Substrat gebracht werden. Die Entfernung zwischen ihnen ist nicht größer als 5 Å.

Für die Bindung eines Esters (Cytidin-3'-phosphat als Modell-Inhibitor für RNS) an das Enzym wurde folgende Vorstellung entwickelt:

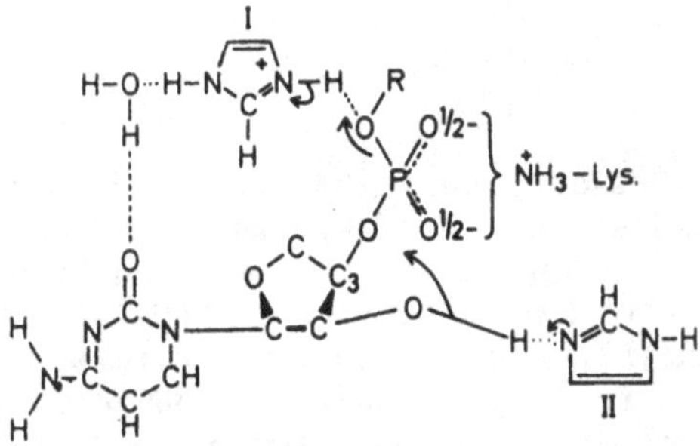

Dabei liegt folgendes Bindungssystem vor:
Ester-Sauerstoff → His-I → Wasser → Cytidin-Sauerstoff. Dadurch wird eine Substratkonfiguration erzielt, in der die 2'-Hydroxylgruppe des Esters (d. h. die spaltende nucleophile Gruppe) dem Phosphor-Atom gerade gegenüber liegt. Es bildet sich eine instabile Zwischenverbindung mit fünf Sauerstoffatomen am Phosphor. Danach wird mit Hilfe des His-I die Alkoxyd-Gruppe entfernt und damit das cyklische Phosphat (Cytidin-2',3'-phosphat) gebildet. Der Angriff der 2'-Hydroxyl-Gruppe wird begünstigt durch Wasserstoffbrückenbindung zum Imidazol II. Das als Zwischenprodukt der Esterspaltung entstehende Cytidin-2',3'-phosphat wird durch die RNase hydrolysiert.

Ähnliche Vorstellungen wurden für die Übergangszustände und Mechanismen der Chymotrypsin-Wirkung und anderer Enzyme (Hexokinase, Alkoholdehydrogenase, Isocitratlyase usw.) entwickelt. Für viele Esterasen wurde Serin in einer bestimmten Aminosäuresequenz (z. B. Gly-Asp-Ser-Gly-Gly für Chymotrypsin) als essentiell für deren Aktivität erkannt.

Für die Acetylcholinesterase wurde gefunden, daß das Substrat Acetylcholin an zwei Zentren des Enzymmoleküls gebunden ist, an ein anionisches und ein Esterasezentrum.

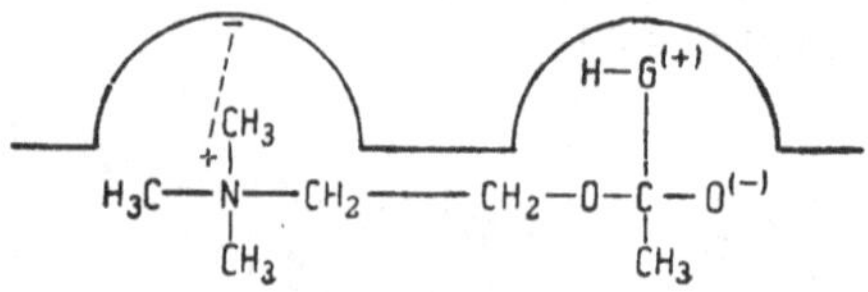

Das Esterasezentrum enthält eine basische Gruppe *G* des Proteins, die ein Elektronenpaar dem Carbonyl-Kohlenstoff-Atom des Acetylcholins abgibt und dabei ein instabiles Zwischenprodukt bildet. Dieses zerfällt in eine Acyl-Enzym-Verbindung und freies Cholin. Das acylierte Enzym hydrolysiert zu freier Essigsäure und Enzym, wobei die basische Gruppe *G* zurückgebildet wird.

Mit Hilfe von ^{18}O-markiertem Wasser konnten weitere Einblicke in den Mechanismus von Hydrolysen gewonnen werden. So konnte z. B. die Frage nach dem Mechanismus der ATPase-Wirkung in folgender Weise geklärt werden:

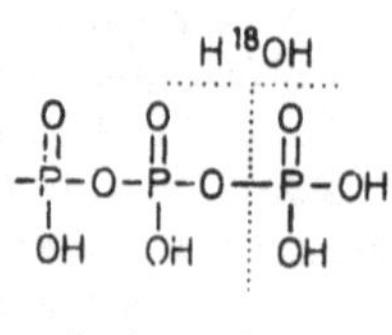

Das ^{18}O-Isotop erscheint demnach im freigesetzten anorganischen Phosphat und nicht im ADP.

1.9. Messung und quantitative Charakterisierung der Enzymaktivität

Man erkennt ein Enzym an seiner katalytischen Wirkung. Die wenigsten Enzyme kann man direkt durch chemische und optische Methoden nachweisen. Im allgemeinen wird die Menge (besser die „Aktivität“) des Enzyms bestimmt, indem man die Geschwindigkeit der von ihm katalysierten Reaktion unter bestimmten Bedingungen mißt. Die Aktivität wird in „Enzymeinheiten“ ausgedrückt. Eine Enzymeinheit ist die Menge eines beliebigen Enzyms, die pro Minute 1 μ Mol (oder 1 μ Val) Substrat unter Standard-Bedingungen umsetzt. Entsprechend den verschiedenartigen Einflüssen, die Substratkonzentration, Coenzyme, Aktivatoren, Ionenstärke, Puffer, Temperatur und pH-Wert auf die Enzymaktivität haben, sollte man ständig bemüht sein, unter optimalen, vor allem aber reproduzierbaren Bedingungen zu arbeiten. Als Reaktionstemperatur werden 30 °C empfohlen. Da sich die Enzymaktivität in Abhängigkeit von der Zeit verändern kann (Substratmangel, Enzyminaktivierung, pH-Veränderung usw.), ist es notwendig, die Aktivitätseinheit auf die Anfangsgeschwindigkeit zu beziehen. Die Konzentration eines Enzyms wird in Einheiten pro ml angegeben. Zur Reinheitsangabe eines Enzymes ist die sogenannte spezifische Aktivität gebräuchlich. Sie wird ausgedrückt als Anzahl der Enzymeinheiten pro mg Eiweiß.

Bei vielen Enzymen ist es möglich, die Zahl der Mole umgesetzten Substrates pro Minute und Grammäquivalent des katalytischen Zentrums oder der Enzymwirkgruppe anzugeben. Nach WARBURG bezeichnet man diese Größe als Wechselzahl. Sie ist ein wichtiger Ausdruck für die katalytische Aktivität eines Enzyms. Eingeführt wurde sie, um die katalytische Aktivität von Flavinenzymen quantitativ beschreiben zu können. In neuerer Zeit hat sich hierfür der Ausdruck „katalytische Zentrumsaktivität“ eingebürgert.

In Fällen, in denen das Enzym in reiner Form vorliegt und das Molgewicht bekannt ist, ist es möglich, die „molekulare Aktivität“ anzugeben. Man versteht darunter die Zahl der Enzymeinheiten pro μ Mol Enzym unter optimalen Bedingungen. Die Zahl ist numerisch gleich der Anzahl der Substratmoleküle, die von einem Molekül Enzym in einer Minute maximal umgesetzt werden.

1.10. Nomenklatur und Einteilung der Enzyme

Es ist nötig, in die große Vielfalt der Enzymwirkungen und Enzymmechanismen gewisse systematisierende Prinzipien einzuführen.

Diese Forderung wurde um so stärker, je mehr Enzyme entdeckt und gereinigt und je mehr Reaktionsmechanismen aufgeklärt werden konnten. Die Enzyme können in 6 Klassen unterteilt werden: 1. Oxydoreduktasen, 2. Transferasen, 3. Hydrolasen, 4. Lyasen, 5. Isomerasen, 6. Ligasen (Synthetasen).

Als allgemeine Prinzipien der Enzym-Nomenklatur gelten:

a) Die Endung „-ase“ wird nur für einfache Enzyme benutzt. Multienzyme werden mit dem Ausdruck „System“ belegt (z. B. Pyruvatdehydrogenase-System).

b) Der Reaktionsmechanismus wird im Namen zum Ausdruck gebracht, ebenso die Natur der Substrate bzw. der Coenzyme. Im Falle von reversiblen Reaktionen wird nur eine Richtung und diese übereinstimmend in der ganzen Klasse angegeben.

Neben den systematischen Namen der Enzym-Klassifikation (EC-Nomenklatur) werden die Trivialnamen der Enzyme auch weiterhin, vor allem im täglichen Umgang, gebraucht.

Beispiele:

a) Trivialname: Lactatdehydrogenase.

Systematische Nomenklatur: L-Lactat-NAD-Oxydoreduktase (EC 1.1.1.27).

b) Trivialname: Hexokinase.
Systematische Nomenklatur: ATP: D-Hexose-6-phosphotransferase. (EC 2.7.1.1).

Die Zahlen in Klammern geben die Nummern der betreffenden Enzyme in der Internationalen Enzym-Klassifikation wieder.

Es ist sehr zu begrüßen, daß durch die Enzymkommission der Internationalen Union für Biochemie seit dem Jahre 1961 eine Systematik und eine Standardisierung in die Vielfalt der Enzyme gebracht wurde. Im folgenden sollen einige Erläuterungen zu den Einteilungsprinzipien gegeben werden. Grundlegende Mechanismen einer Reihe von Enzymen findet man in den entsprechenden Kapiteln des Zwischenstoffwechsels.

1. *Oxydoreduktasen*: Diese Enzyme katalysieren Redoxprozesse. Sie sind durch eine große Vielfalt ausgezeichnet. Hierher gehören Enzyme, die NAD^+ oder $NADP^+$, aber auch Sauerstoff und Cytochrome als Acceptoren haben. Ihre Trivialnamen sind: Dehydrogenasen, Oxydasen, Reduktasen, Transhydrogenasen, Hydroxylasen.

2. *Transferasen*: In diese Gruppe gehören diejenigen Enzyme, die Gruppenübertragungen katalysieren, z. B.: methyl-, carboxyl-, acyl-, glykosyl-, amino- und phosphatübertragende Enzyme. Gruppenübertragungen spielen im Intermediärstoffwechsel eine sehr große Rolle.

3. *Hydrolasen*: Die durch diese Enzyme katalysierten hydrolytischen Reaktionen greifen u. a. Ester-, Glykosyl-, Peptid- und Säureanhydridbindungen an. Mit Trivialnamen heißen sie Esterasen (z. B. Lipasen), Glykosidasen (z. B. Invertase), Peptidasen (z. B. Trypsin oder Carboxypeptidasen) und Phosphatasen bzw. Pyrophosphatasen.

4. *Lyasen*: Diese Enzyme spalten Substrate nichthydrolytisch. Als Bindungen kommen in Frage: C—C (z. B. Aldolase, Decarboxylase), C—O (z. B. Fumarase, Aconitase), C—N (argininosuccinatspaltendes Enzym) usw.

5. *Isomerasen*: Zu dieser Gruppe rechnet man Racemasen und Epimerasen (z. B. UDP-Glucosid-Epimerase) und intramolekulare Oxydoreduktasen (z. B. Glucose-6-phosphat-Isomerase).

6. *Ligasen*: Diese Enzyme katalysieren die Zusammenlagerung von zwei Substratmolekülen unter Verbrauch von ATP oder anderen Nucleosidtriphosphaten. Hierher gehören aminosäureaktivierende Enzyme, fettsäureaktivierende Enzyme, die Propionyl-CoA-Carboxylase u. a.

1.11. Spezifität der Enzyme

Die hohe Spezifität der Enzyme ist eine der wichtigsten Voraussetzungen für den geordneten und differenzierten Ablauf der Lebensvorgänge. Man unterscheidet absolute, relative und sterische Substratspezifität. Das klassische Beispiel eines absolut spezifischen Enzyms ist die Urease. Es sind Hunderte von Verbindungen, unter ihnen auch Harnstoffderivate, untersucht worden, die nicht durch Urease gespalten werden. Eine relative Spezifität findet man bei vielen Dehydrogenasen, Esterasen, Glykosidasen, Peptidasen. Sie ist dadurch gekennzeichnet, daß substratverwandte oder substratanaloge Verbindungen, häufig mit geringerer, in Einzelfällen auch mit höherer Geschwindigkeit als das natürliche Substrat, angegriffen werden. Ein Beispiel dieser Art ist die Leber-Alkoholdehydrogenase.

Tabelle 1:

Substrat	relative Aktivität
Äthanol	135
n-Propanol	146
n-Butanol	215
3-Hexanol	35
Methanol	0
tert. Butanol	0

Die Spezifität eines Enzyms kommt auch häufig darin zum Ausdruck, daß bestimmte substratanaloge Substanzen in manchen Fällen mit hoher Affinität gebunden werden und das Substrat vom Enzym verdrängen, ohne daß eine Reaktion eintritt. Beispiele dieser Art sind die Malonsäure für die Bernsteinsäuredehydrogenase und Glucoson für die Hexokinase. Diese Substanzen sind wirksame Inhibitoren für diese Enzyme. Die sterische Spezifität kommt dadurch zum Ausdruck, daß viele Enzyme nur auf eines von zwei optischen Isomeren wirken. Diese Spezifität ist häufig absolut, obwohl innerhalb der L- oder D-Reihen relative Spezifitäten existieren können. Beispiele sind L- und D-Lactatdehydrogenasen, sowie D- und L-Aminosäureoxydasen. Ein weiterer Ausdruck höchster Stereoselektivität von Enzymwirkungen ist ihre Unterscheidungsmöglichkeit zwischen identischen Bindungen, die lediglich räumlich zum Rest des Moleküls differieren (z. B. Pyruvatcarboxylasereaktion). Die Aconitase ist ein Enzym, welches stereospezifisch ein symmetrisch gebautes Molekül angreift (Umwandlung von Citronensäure in die Isocitronensäure mit cis-Aconitsäure als Zwischenverbindung) (s. Teil II, S. 161 und 170).

Von der Substratspezifität ist die Wirkungs- oder Reaktionsspezifität zu unterscheiden. Hier gibt es mannigfaltige Möglichkeiten. Von Enzymen mit einer hohen Wirkungsspezifität (z. B. manche Dehydrogenasen) sind solche mit verschiedenartigen Wirkungen zu unterscheiden. Die D-Glycerinaldehyd-3-phosphat-Dehydrogenase katalysiert z. B. sechs verschiedene Reaktionen, von denen die vorherrschende die oxydative Phosphorylierung des D-Glycerinaldehyd-3-phosphates zum Glycerinsäure-1,3-diphosphat ist (s. Teil III).

In dem Maße, wie sich die Kenntnis des Mechanismus von Enzymen vertieft, wandeln sich die Vorstellungen über die Reaktionsspezifität eines Enzyms und führen zu Verallgemeinerungen, die uns das Wesen der Enzymreaktionen verständlicher machen.

1.12. *Isolierung der Enzyme*

Voraussetzung für die genaue Kennzeichnung eines Enzyms ist seine Isolierung und Reindarstellung. Die Krönung einer Enzymreinigung ist seine Kristallisation. In jedem Fall sind bestimmte Reinheitskriterien, die durch die Methoden der Ultrazentrifugierung, Chromatographie und Elektrophorese zu erhalten sind, Voraussetzungen für die Charakterisierung eines Enzyms und die Untersuchung seines Feinmechanismus. Grundsätzliche Methoden zur Darstellung eines Enzyms sind: Aufschluß der Zellen bzw. des Gewebes und Herstellung eines Homogenates, Herstellung eines Extraktes und Fraktionierung der in ihm gelösten Enzymproteine. Hierfür stehen die Methoden der Fällung durch Neutralsalze, organische Lösungsmittel und zwischengeschaltete Einengungs- und Dialyseschritte zur Verfügung. Diese werden häufig mit chromatographischen Methoden (Adsorptions-, Ionenaustauschchromatographie sowie Gelfiltration), die im präparativen Maßstab durchgeführt werden können, kombiniert. Als Leitgrößen bei Enzymreinigungen dienen auf den einzelnen Stufen: Gesamtaktivität und spezifische Aktivität. Die erste Größe gibt Aufschluß über die Höhe der Ausbeute, die zweite Größe über die erzielte Reinigung.

1.13. *Industrielle Anwendung von Enzymen*

Enzyme werden heute in großem Umfang im industriellen Maßstab hergestellt und in vielen Bereichen des täglichen Lebens gebraucht. Neben ihrer Anwendung in der Medizin haben sie Bedeutung in der Textilindustrie, der Papierherstellung, der Tierernährung und der Lebensmittelindustrie erlangt. Solche Enzyme sind Amylasen, Proteasen, Lipasen, Pektinasen, Katalase, Zellulase, Glucoseoxydase und Gärungsenzyme. Schätzungsweise gibt es in der

Welt gegenwärtig etwa 1000 Enzympräparate, die in mehr oder weniger reiner Form industriell produziert und in den genannten Bereichen verwendet werden. Im Jahre 1964 wurden allein in den USA für 30 Millionen Dollar derartige Enzyme hergestellt; Preßhefe, Malz und Malzprodukte sowie Trockenhefe nicht mitgerechnet.

Die rohrzuckerspaltende Invertase (β-Fructosidase) findet Anwendung in der Lebensmittelindustrie, da ihr Produkt, der Invertzucker, süßer als Rohrzucker ist und erst bei viel höheren Konzentrationen auskristallisiert als Glucose oder Saccharose. Andere kohlenhydratspaltende Enzyme, α-, β- und Gluco-Amylase werden in der Brau- und Spiritusindustrie, der Traubenzucker- und Dextrinherstellung aus Stärke, in der Speiseeisbereitung usw. verwendet. Proteolytische Enzyme werden für pharmazeutische und therapeutische Zwecke (exogene Zufuhr von Verdauungsproteasen zur Unterstützung der Tätigkeit des Magen-Darm-Traktes), in der Milch- und Käseindustrie, in der Textilindustrie, für Reinigungszwecke u. a. gebraucht. Die aus *Aspergillus niger* gewonnene Glucoseoxydase wird außer zur Glucosebestimmung im klinisch-chemischen Laboratorium zur Entfernung von Sauerstoff aus Konserven und Citrusgetränken oder zur Entfernung von Glucose aus Nahrungsmitteln (Eipulver), verwendet. Auf diese Weise werden Farbe und Geschmack der konservierten Lebensmittel für längere Zeit erhalten und u. a. das Wachstum aerober Mikroorganismen verzögert. Diese Liste könnte noch weiter fortgesetzt werden. Es ist abzusehen, daß auch in der chemischen Technik Enzyme in steigendem Maße als selektiv wirkende Katalysatoren für Spaltungs- und Syntheseprozesse Verwendung finden werden. Nach der Klärung grundsätzlicher Fragen ihres Wirkungsmechanismus wird es vielleicht auch möglich sein, niedrigmolekulare, stabile Peptidkatalysatoren in der chemischen Industrie einzusetzen.

Bisher steht der Anwendung von Enzymen in der chemischen Industrie ihre hohe Empfindlichkeit gegen extreme Temperatur-, pH- und andere Milieu-Bedingungen entgegen. In der Überwindung dieses Nachteils wurden in neuerer Zeit wichtige Fortschritte erzielt, als es gelang, Enzyme in aktiver Form an Festkörper entweder durch Adsorption oder durch Ionen- bzw. kovalente Bindungen zu binden. Allgemein konnte beobachtet werden, daß sich die Stabilität der Enzyme, die an Cellulose, Austauschharze, Polystyrol u. a. gebunden wurden, gegenüber den obengenannten Einflüssen wesentlich erhöhte. In solchen Enzymen erfolgt die Oxydation von SH-Gruppen wesentlich langsamer als in ihren freien Formen. Proteolytische Enzyme werden infolge der räumlichen Trennung ihrer Moleküle vor Selbstverdauung geschützt. In Abhängigkeit von der Natur der Trägermatrix kann es zu Veränderungen der kinetischen Parameter (z. B. K_M) kommen. Wenn diese ungeladen ist, wird K_M im allgemeinen nicht beeinflußt, größere Effekte auf K_M findet man, wenn Matrix und Substrat geladen sind. Erhöhungen von K_M treten bei gleichartiger Ladung und Erniedrigungen bei entgegengesetzter Aufladung von Substrat und Träger auf. Durch Hintereinanderschaltung verschiedener fixierter Enzyme, z. B. durch Übereinanderschichten in einem Gelbett oder einer entsprechenden Anordnung an Filterpapierbögen fixierter Enzyme lassen sich Multienzym-Reaktoren herstellen, die Mehrschrittreaktionen katalysieren können. Es ist sehr wahrscheinlich, daß derartige Reaktionssysteme in absehbarer Zeit nicht nur im Labormaßstab, sondern auch in der chemischen Industrie mit Erfolg eingesetzt werden können.

1.14. Klinische Bedeutung der Enzyme

Eine große Rolle spielt heute die Bestimmung von Enzymaktivitäten im Serum im Rahmen der klinischen Diagnostik vieler Erkrankungen (Herzinfarkt, Hepatitis, Muskeldystrophie, Pankreatitis, Prostataerkrankungen, Tumoren usw.). Auch haben viele Enzyme als hochspezifische Reagenzien Eingang in das biochemische Laboratorium gefunden. Mit Hilfe des sogenannten optischen Testes nach WARBURG lassen sich unter Verwendung von Einzelenzymen oder Enzymgemischen Substanzen wie Glucose, ATP, ADP, AMP, Lactat, Pyruvat usw. in spezifischer Weise bestimmen. Die angeborenen Stoffwechseldefekte lassen sich auf das Fehlen eines oder mehrerer Enzyme zurückführen.

1.15. Enzyme und Zellphysiologie

Enzyme sind in den Zellen und Geweben nicht gleichmäßig verteilt. Jedes Gewebe ist durch ein bestimmtes „Enzymprofil" gekennzeichnet. So weist die Leber hinsichtlich des Vorkommens vieler Enzyme und deren Aktivität ein anderes Muster auf als die Muskulatur. In jedem Fall findet man einen hohen Grad der Anpassung des Enzymprofils an die jeweilige biologische Funktion des betreffenden Gewebes bzw. Organes. Auch auf dem Niveau einer Zelle gibt es charakteristische und häufig allgemeingültige Verteilungen und Lokalisationen. An den äußeren Zellmembranen kennt man Exo- und Endoenzyme, je nachdem, in welcher Richtung (von der Zellmembran aus gesehen) ihre Hauptwirksamkeit erfolgt. Innerhalb der Zellen gibt es partikelgebundene Enzyme und solche, die in der cytoplasmatischen Flüssigkeit gelöst sind.

Eine Zelle braucht in ihrem Leben nicht immer die gleiche Enzymausstattung zu haben. Neben sogenannten konstitutiven Enzymen gibt es induzierbare und reprimierbare Enzyme, deren Synthese unter dem Einfluß von Milieufaktoren (Induktoren und Repressoren) in Verbindung mit genetischen Eigenschaften steht. Auch im Verlauf des biologischen Alterns von Zellen treten charakteristische Veränderungen in ihrer Enzymausstattung ein.

Bei ein und demselben Enzym gibt es häufig in einem Organ multiple Formen, die sich in molekularen Parametern

(Aminosäuresequenz, Substrataffinität, molekulare Aktivität, isoelektrischer Punkt usw.) unterscheiden. Man spricht dann von Isoenzymen. Die Hefehexokinase kommt beispielsweise in zwei verschiedenen Isoenzymen vor, aus denen proteolytisch mehrere Formen entstehen können. Die Hexokinase-Isoenzyme lassen sich in Subeinheiten zerlegen.

Auch bei der Lactatdehydrogenase gibt es multiple Formen. Dieses tetramere Enzym kann aus identischen oder nichtidentischen Untereinheiten aufgebaut sein. Es wurden fünf Isoenzyme der Lactatdehydrogenase (LD_1 bis LD_5) gefunden. Sie kommen in unterschiedlicher Menge in den einzelnen Organen vor und besitzen zwei verschiedene, von getrennten Genen synthetisierten Untereinheiten. LD_1 kommt vorwiegend im Herzmuskel vor, sie besitzt vier identische Untereinheiten des Typs B; LD_5 ist nahezu ausschließlich in der Skelettmuskulatur lokalisiert, sie enthält vier identische Untereinheiten des Typs A. LD_2, LD_3 und LD_4 sind hybride tetramere Formen, die aus den Untereinheiten A und B in unterschiedlichen Verhältnissen aufgebaut sind (AB_3, A_2B_2, A_3B).

Die einzelnen Organe weisen spezifische Profile in diesen LDH-Isoenzymen auf. Ihre Verteilung hat große Bedeutung für die klinische Enzymologie sowie für Evolution und Taxonomie.

Neben diesen LDH-Isoenzymen gibt es eine weitere Gruppe Lactatdehydrogenasen, die im Hoden und den Spermatozoen vorkommen. Sie werden als LDH_x bezeichnet. Im Meerschweinchen- und Ratten-Hoden findet man zwei derartige Enzyme.

Auch andere Enzyme kommen in Form von Isoenzymen vor (Malatdehydrogenase, Isocitronensäuredehydrogenase, Transaminasen, Glucose-6-phosphat-Dehydrogenase u. a.). Interessant ist, daß manche von ihnen auf unterschiedliche Zellräume verteilt sein können. So unterscheidet man eine mitochondriale von einer cytoplasmatischen Malatdehydrogenase.

Von zellphysiologisch großer Bedeutung ist das Vorkommen multipler, ineinander umwandelbarer Formen von Enzymen, die sich in wichtigen Eigenschaften (katalytische Aktivität, Substrataffinität, Empfindlichkeit gegenüber Effektoren) voneinander unterscheiden. Das klassische Beispiel ist die Phosphorylase mit ihren beiden Formen a und b (s. Teil II). In dieselbe Gruppe gehören Hexokinase, Glykogensynthetase, Phosphofruktokinase, Pyruvatkinase und Glutaminsynthetase.

2. Thermodynamik biochemischer Systeme

Die Aufgabe der *Thermodynamik* besteht in der Aufstellung und Formulierung von *Gesetzen*, nach denen sich *physikalische* oder *chemische Umsetzungen* vollziehen. Für die quantitative Beschreibung der in der Natur ablaufenden Gesetzmäßigkeiten bedient sich die Thermodynamik charakteristischer Größen, die ausschließlich vom Zustand eines betrachteten Systems abhängen (unter einem System versteht man in der physikalischen Chemie einen ganz bestimmten Teil des Universums). Man bezeichnet diese Größen als Zustandsfunktionen, die wiederum durch verschiedene Bedingungen, den Zustandsvariablen, wie Druck, Temperatur, chemische Zusammensetzung, definiert werden. Die Kenntnis einiger Zustandsvariablen gestattet eine quantitative Berechnung anderer Eigenschaften des betrachteten Systems. Die Bedeutung der Thermodynamik für die Chemie liegt in der Verknüpfung rein chemischer Gesetze, die ausschließlich Stoffumwandlungen beschreiben, mit energetischen Parametern, d. h., die thermodynamischen Gesetze vermögen Aussagen über Energiegewinn, Energieverlust oder Gleichgewichtszustände chemischer Reaktionen zu machen. Auf Grund der Tatsache, daß jeglicher biologischer Leistung in der lebenden Materie, ob sie einfach oder kompliziert erscheint, chemische Umsetzungen zugrunde liegen, können wir das ständige Wechselspiel der Aufnahme und Abgabe von Energie in der lebenden Zelle mit thermodynamischen Gesetzen quantitativ beschreiben. Damit gelingt es uns, die in der Natur ablaufenden chemischen Vorgänge nicht nur stofflich, sondern auch energetisch sinnvoll zu ordnen.

2.1. Erster Hauptsatz

Der erste Hauptsatz der Thermodynamik sagt aus, daß die Summe aller Energien in einem abgeschlossenen System konstant ist (MAYER 1842, HELMHOLTZ 1847). Dieser Erhaltungssatz, welcher dem Gesetz der Erhaltung der Masse analog ist (auf die Beziehung Masse—Energie sei hier nicht eingegangen), beinhaltet zwei Schlußfolgerungen:

1. Es ist unmöglich, ein System zu konstruieren, mit dem man mehr Energie gewinnen kann, als dem System in irgendeiner Form zugeführt wurde (Perpetuum mobile 1. Art).

2. Die verschiedenen Energieformen (Arbeit, Wärme, elektrische Energie) müssen einander äquivalent sein (Äquivalenzprinzip von R. MAYER 1842, J. P. JOULE 1843).

Zur quantitativen Formulierung dieses Hauptsatzes betrachten wir einen mit Gas gefüllten Körper als unser System. Es besitzt einen ganz bestimmten kalorischen Zustand, wir bezeichnen ihn als die „*innere Energie*“ U des Systems. U ist eine Funktion des Volumens V, des Druckes p, der Temperatur T, der chemischen Zusammensetzung n usw. Durch Zufuhr von Wärme und Arbeit (z. B. Kompression) ändern wir die innere Energie von U_1 nach U_2. Dann muß die Gleichung lauten:

$$U_2 - U_1 = Q + A$$

$$\Delta U = Q + A \qquad (1)$$

A = zugeführte Arbeit
Q = zugeführte Wärmemenge

Die Summe aus Wärme und Arbeit, die in das System hineingesteckt wurde, entspricht der Änderung der inneren Energie. Wenn nun das Gas auf beliebige Weise vom Zustand U_2 in den Zustand U_1 zurückkehrt (z. B. Entspannung des Gases), muß erneut die Beziehung gelten:

$$U_1 - U_2 = -\Delta U = -(Q + A). \qquad (2)$$

(Die abgegebenen Energiemengen werden mit negativem, die hinzugefügten Beträge mit positivem Vorzeichen bezeichnet.) Dabei kann der Weg, auf dem das Gas vom Zustand U_2 in den Zustand U_1 gelangt, beliebig gewählt werden. Daraus folgt: Bei Beschreibung eines Kreisprozesses ist die Änderung der inneren Energie = 0.

$$\oint \sum \Delta U = 0 \qquad (3)$$

Die innere Energie ist eine Zustandsfunktion und damit wegunabhängig. Gleichung 3 ist eine andere Formulierung des ersten Hauptsatzes. Im Gegensatz dazu sind Q und A wegabhängige Größen, da das Verhältnis von A und Q für die Hin- und Rückreaktion jeden beliebigen Zahlenwert annehmen kann.

Für die Ausdehnung eines idealen Gases gilt:

$$dU = \delta Q + \delta A = \delta Q - p dV \qquad (4)$$

dU bedeutet differentielle Änderungen von U
$-pdV$ = Volumenarbeit des Gases
δ heißt Variationen von Q und A

Ist V konstant, so ist

$$(dU)_v = \delta Q, \qquad (5)$$

oder die zugeführte Wärmemenge ist gleich der Änderung der inneren Energie. Ist der Druck konstant, entspricht die zugeführte Wärmemenge der Änderung einer anderen

Zustandsfunktion, die mit Enthalpie H bezeichnet wird. Sie ist Summe aus innerer Energie U und der sogenannten Verdrängungsarbeit pV. Es muß daher lauten:

$$H = U + p \cdot V, \tag{6}$$

für differentielle Änderungen

$$dH = dU + pdV + Vdp \tag{7}$$

und unter Einbeziehung von Gleichung (4)

$$dH = \delta Q + Vdp \tag{8}$$

$$(dH)_p = \delta Q.$$

Die in einem System bei konstantem Druck auftretenden Wärmeeffekte entsprechen der Änderung der *Enthalpie* H. Das gilt für alle chemischen Reaktionen, die in wäßrigen Systemen ablaufen. Die Gleichung zur Berechnung von Reaktionswärmen einer chemischen Reaktion muß also lauten:

$Qp = \sum \Delta H$ (Endprodukte) $- \sum \Delta H$ (Ausgangsstoffe) $= \Delta H$.

Ist ΔH negativ, so ist der Prozeß exotherm (wärmeabgebend), bei positivem ΔH ist dem System Wärme zugefügt worden. Es handelt sich dann um eine endotherme Reaktion.

Beispiel: Berechnung der Enthalpieänderung bei der Verbrennung von Glucose.

$$C_6H_{12}O_{6\,\text{fest}} + 6\,O_{2\,\text{Gas}} \rightarrow 6\,CO_{2\,\text{Gas}} + 6\,H_2O_{\text{flüss.}}$$

ΔH_B^0 [kcal/Mol] $-304{,}6 + 0 = 6 \cdot (-94{,}5) + 6 \cdot (-68{,}4)$

ΔH_B^0 = Molare Bildungsenthalpie, unter Standardbedingungen ($T = 298\,°K$, $p = 1$ atm) gemessen

$$\Delta H^\circ = (-94{,}5 \cdot 6) + (-68{,}4 \cdot 6) - (-304{,}6 + 0)$$
$$= -673 \text{ kcal/Mol Umsatz}$$

Die Bestimmung der Verbrennungswärme in der Kalorimeterbombe würde den gleichen Wert von 673 kcal/Mol ergeben [Gleichung (8)]. An dieser Stelle sei vermerkt, daß die absoluten Werte von U und H für thermodynamische Überlegungen uninteressant und in den meisten Fällen nicht bekannt sind, da ja nur Differenzen zwischen zwei Zuständen gemessen werden können. Aus diesem Grunde sind auch die Enthalpien der Elemente definitionsgemäß 0 gesetzt worden.

2.2. Zweiter Hauptsatz

Auf Grund des 1. Hauptsatzes ist eine Zustandsänderung von A nach B gleichwertig mit der von B nach A. Der erste Hauptsatz macht also keine Aussage über die Richtung der Zustandsänderung. Mit Hilfe des 2. Hauptsatzes ist es möglich, die Richtung der Zustandsänderungen festzulegen, oder anders ausgedrückt, der 2. Hauptsatz befaßt sich mit dem Prinzip der beschränkten Umwandelbarkeit von Wärme in Arbeit. Würden Arbeit und, Wärme in der Natur unbeschränkt umwandelbar sein dann gebe es keine einseitig ablaufenden Prozesse, und man könnte Systeme konstruieren, die periodisch unter ständiger Abkühlung Arbeit zu leisten imstande wären (*Perpetuum mobile 2. Art*). Die Beobachtungen in der Natur zeigen jedoch, daß sämtliche von selbst ablaufenden Vorgänge (chemische oder physikalische Reaktionen) einen mehr oder weniger großen Teil ihrer abgegebenen Energie in Wärme umwandeln, die für die Arbeitsleistung verloren geht. Wollte man einen Kreisprozeß beschreiben, bedürfte es zusätzlicher, von außen zugeführter Arbeit, um auf den Ausgangspunkt der Reaktion zurückzugelangen. Man bezeichnet deshalb alle in der Natur spontan ablaufenden Vorgänge als „irreversible“ Prozesse. Ein Kreisprozeß wäre reversibel, wenn die Änderung vom Zustand A nach B und die Rückführung von B nach A gelingen würde, ohne daß zusätzliche Arbeit gebraucht wird. Das bedeutet, daß reversible Prozesse ein Maximum an nutzbarer Arbeit zu leisten vermögen. Derartige Kreisprozesse sind aber bis heute nicht gefunden worden. Die universelle Einseitigkeit des Naturgeschehens wirft nun die Frage auf, ob es eine Größe gibt, die eine Aussage über die Richtung des Ablaufes macht und deren Änderung als Maß für die Irreversibilität dienen kann. Die gesuchte Größe müßte folgende Bedingungen erfüllen:

1. Sie muß eine Zustandsfunktion sein. 2. Sie muß bei irreversiblen Zustandsänderungen im abgeschlossenen System größer werden, als Ausdruck der Nichtumkehrbarkeit. 3. Sie muß im Gleichgewichtszustand des Systems ein Maximum besitzen.

Für die quantitative Beschreibung dieser Zustandsfunktion wurde der thermodynamische Begriff der *Entropie S* (CLAUSIUS 1850) eingeführt. Sie ist wie folgt definiert:

$$S = \frac{Q_{rev}}{T} \left[\frac{\text{cal}}{°\text{C}}\right] \tag{9}$$

Q_{rev} = reversibel zugeführte Wärme, das bedeutet, daß Änderungen der Entropie nur bei reversibler Führung des Prozesses gemessen werden können.

T = absolute Temperatur.

Die Einheit der Entropie ist 1 Clausius (Cl).

Die Entropie besitzt alle verlangten Eigenschaften, sie nimmt bei irreversibel verlaufenden Prozessen in einem abgeschlossenen System stets zu. Der 2. Hauptsatz kann deshalb auch durch folgenden Ausdruck definiert werden: $\Delta S_{irrev} > 0$.

Die *Entropie* ist eine Funktion, die eine Angabe über den Wärmeinhalt eines Systems macht. Formal kann man sie auch als „Wärmestoff" auffassen, und für jeden Körper oder Zustand eines Systems ein bestimmtes Fassungsvermögen für diese Größe definieren. Wird ein Stoff reversibel und isotherm vom Zustand *A* in Zustand *B* überführt, so geht mit dieser Umwandlung auch eine Änderung der Wärmekapazität einher, d. h. es wird Wärme aufgenommen oder abgegeben. Dieser Vorgang ist durch eine Differenz der Entropiewerte gekennzeichnet und man schreibt:

$$S_B - S_A = \Delta S = \frac{\Delta (Q_{rev})}{T}$$

Die Entropieänderungen können mit einer Änderung des Aggregatzustandes verbunden sein (s. Beispiel) — man spricht dann von Schmelz- oder Verdampfungsentropien — oder aus der isothermen Ausdehnung oder Kompression eines Gases resultieren.

Beispiel: Die Schmelzwärme für 1 Mol Eis beträgt 1440 cal. Daraus berechnet sich ein ΔS von $\frac{1440}{273}$ = 5,28 Cl.

Entropieänderungen lassen sich aus den Wärmemengen bei allen isotherm reversibel durchgeführten Zustandsänderungen berechnen. Die Werte können sowohl positiv als auch negativ sein. Dieses ist sofern kein Widerspruch zum 2. Hauptsatz, da wir bei Zustandsänderungen keine abgeschlossenen Systeme betrachten.

Der Zusammenhang zwischen der Entropie und den kalorischen Funktionen ergibt sich für differentielle Änderungen aus Gleichung (9), (5) und (8) für isochore und isobare Prozesse.

$$(\mathrm{d}S)_v = \frac{\mathrm{d}U}{T}; \qquad (\mathrm{d}S)_p = \frac{\mathrm{d}H}{T} \tag{10}$$

Hieraus folgt für nichtisotherme Vorgänge

$$\left(\frac{\mathrm{d}S}{\mathrm{d}T}\right)_v = \frac{\mathrm{d}U}{\mathrm{d}T} \cdot \frac{1}{T} = c_v \cdot \frac{1}{T}; \left(\frac{\mathrm{d}S}{\mathrm{d}T}\right)_p = \frac{\mathrm{d}H}{\mathrm{d}T} \cdot \frac{1}{T} = c_p \cdot \frac{1}{T} \tag{11}$$

und für endliche Änderungen

$$(S)_v = c_v \int_{T_1}^{T_2} \mathrm{d} \ln T; \quad (\Delta S)_p = c_p \int_{T_1}^{T_2} \mathrm{d} \ln T \tag{12}$$

Treten bei nichtisothermen Zustandsänderungen Phasenumwandlungen auf, müssen diese Umwandlungsentropien noch hinzuaddiert werden.

2.2.1. Freie Energie und freie Enthalpie

Werden die Bedingungen des 1. und 2. Hauptsatzes zu einer mathematischen Funktion verknüpft, kann man zwei neue Zustandsfunktionen definieren, die von HELMHOLTZ und GIBBS eingeführt wurden. Sie werden mit F (*freie Energie*) und G (*freie Enthalpie* oder *Gibbssches Potential*) bezeichnet. Die Änderungen von F und G bei einer reversiblen Prozeßführung entsprechen der maximalen Arbeit, die gebraucht oder gewonnen wird, wenn Zustandsänderungen eines Systems eintreten. Auf Grund des 1. Hauptsatzes gilt:

$$(\Delta U)_T = \delta(Q_{rev})_T + \delta(A_{rev})_T. \tag{13}$$

Der 2. Hauptsatz lautet:

$$\frac{\delta Q_{rev}}{T} = \Delta S$$

oder $\delta(A_{rev})_T = \Delta F = \Delta U - T\,\Delta S$ (14)

und für die freie Enthalpie

$$\Delta G = \Delta H - T\,\Delta S. \tag{15}$$

(Wie auch schon auf Seite 85 festgestellt, interessieren bei physikalischen oder chemischen Prozessen nur die Änderungen der Zustandsfunktionen).

ΔF und ΔG sind durch folgende Beziehungen miteinander verknüpft:

$$-\Delta F = -\Delta G + p\Delta V. \tag{16}$$

Die Gesamtarbeit $(-\Delta F)$ ist die Summe aus Nutzarbeit

($-\Delta G$) und Volumenarbeit $p \cdot \Delta V$. Wenn chemische Reaktionen bei konstantem Volumen ablaufen, gilt:

$$\Delta F = \Delta G. \quad (17)$$

Was sagen die neuen Funktionen aus?

1. ΔG ist ein Maß für die *Triebkraft* einer chemischen oder physikalischen Reaktion. Durch das Vorzeichen von ΔG wird die Richtung definiert, nach der ein Vorgang in der Natur von allein ablaufen kann. Ist ΔG negativ, verläuft die Reaktion spontan unter Abgabe von Energie in Form nutzbarer Arbeit (exergoner Prozeß). Ist ΔG positiv, kann die Zustandsänderung nur unter Aufwand von Arbeit (endergoner Prozeß) erfolgen. Exergone Prozesse können sowohl exotherm (negatives ΔH) als auch endotherm sein (positives ΔH). Bei exergonen Prozessen mit positivem ΔH hat die Entropieänderung immer einen positiven Wert (s. Gleichung 15). Wärmetönungen sind deshalb kein Kriterium für die Freiwilligkeit einer Zustandsänderung.

2. Die Änderung der freien Enthalpie ΔG ist ein quantitatives Maß der Energie, die als maximal nutzbringende Arbeit, z. B. während eines Stoffumsatzes, gewonnen werden kann. Die Dimension lautet kcal/Mol.

3. ΔG macht eine quantitative Aussage über die potentielle Bereitschaft eines Systems zu einer physikalischen oder chemischen Reaktion. Durch die Beziehung $\Delta G = \Delta H - T\Delta S$ können bei bekannter Enthalpie (experimentell ermittelt durch Messung der Wärmetönung im Kalorimeter) und freier Enthalpie (z. B. berechnet aus der Gleichgewichtskonstante, s. nächstes Kapitel) Entropieänderungen berechnet werden.

Zusammenfassend kann also festgestellt werden: Die Bedeutung der Definition der *freien Enthalpie* und *freien Energie* liegt in der quantitativen energetischen Berechnung aller chemischen Stoffumwandlungen. Das ist vor allem in der Biochemie von großer Wichtigkeit, weil dadurch die chemischen Reaktionen in der lebenden Zelle nicht nur stofflich, sondern auch energetisch beurteilt werden können. Einige Beispiele sollen das erklären. (Alle Berechnungen unter Verwendung von molaren Bildungsenthalpien und Entropien unter Standardbedingungen: 1 Mol Stoffumsatz, 298 °K, 1 atm).

1. Die Verbrennungswärme für Glucose beträgt $\Delta H^\circ = -673$ kcal/Mol. Die Änderung der Entropie bei einem Mol Stoffumsatz läßt sich aus den Einzelentropiewerten errechnen:

$$C_6H_{12}O_6 + 6\ O_2 \rightarrow 6\ CO_2 + 6\ H_2O$$

$$S_1^\circ\ [\text{cal}/^\circ\text{C}]\ 50{,}7 \quad 6 \cdot 49{,}03 \quad S_2^\circ\ 6 \cdot 51{,}09 \quad 6 \cdot 16{,}9$$

$$S_2^\circ - S_1^\circ = \Delta S = +\ 63{,}06\ \text{cal}/^\circ\text{C} \cdot \text{Mol}$$

$$\Delta G^\circ = \Delta H^\circ = T \Delta S^\circ$$

$$\Delta G^\circ = -\ 673 - 298 \cdot 0{,}063 = -\ 692\ \text{kcal/Mol}.$$

Die Änderung der freien Enthalpie ist zahlenmäßig größer als der Energiegewinn, der durch die Verbrennung gewonnen wird. Nimmt nämlich die Entropie zu (positives ΔS), wird die Wärmekapazität des Systems erhöht und bei reversibel und isotherm durchgeführter Zustandsänderung wird aus der Umgebung Wärme aufgenommen, die die Arbeitsfähigkeit des Systems steigert. Dies ist ein typisches Beispiel für eine große Anzahl biochemischer Reaktionen.

2. Oxydation von Essigsäure

$$CH_3COOH + 2\ O_2 \rightarrow 2\ CO_2 + 2\ H_2O$$

$$S^\circ\ [\text{cal}/^\circ\text{C}] \quad 38 \quad 98{,}06 \quad 102{,}16 \quad 33{,}8$$

$$\Delta S^\circ = -\ 0{,}1\ \text{cal}/^\circ\text{C Mol, d. h. } \Delta S^\circ \simeq 0$$

daher $\Delta G^\circ = \Delta H^\circ$

3. Knallgasreaktion

$$H_{2(g)} + \frac{1}{2} O_{2(g)} \rightarrow H_2O_{(fl.)} \qquad \Delta H^\circ = -68 \text{ kcal}$$

S° 31 24,5 45

$$\Delta S^\circ = -10{,}5 \text{ cal}/{}^\circ\text{C} \cdot \text{Mol.}$$

Die Abnahme der Entropie bei der Knallgasreaktion steht nicht im Widerspruch zum 2. Hauptsatz, da es sich bei der Betrachtung der Entropieänderungen bei chemischen Reaktionen um nicht abgeschlossene Systeme handelt.

2.2.1.1. Konzentrationsabhängigkeit der freien Enthalpie

Die Änderung der freien Enthalpie bei einer chemischen Reaktion wird durch die Konzentration der an der Reaktion teilnehmenden Stoffe beeinflußt. Die Abhängigkeit ist wie folgt definiert:

$$\Delta G = -\left(RT \ln \frac{\gamma \cdot \delta}{\alpha \cdot \beta} + RT \ln \frac{a \cdot b}{c \cdot d}\right) \tag{18}$$

dabei bedeuten:

R = Gaskonstante = 1,98 cal/Grad · Mol

T = absolute Temperatur °K

$\alpha, \beta, \gamma, \delta$ = Konzentrationen (Mol/l) der an der Reaktion teilnehmenden Stoffe A, B, C, D im chemischen Gleichgewicht.

a, b, c, d = Ausgangskonzentrationen der Stoffe A, B, C, D. Da das Verhältnis der Ausgangs- und Endprodukte im Gleichgewichtszustand konstant und durch die Gleichgewichtskonstante definiert ist (*MWG*), kann man die

Gleichung umformen:

$$\Delta G = -\left(RT \ln K + RT \ln \frac{a \cdot b}{c \cdot d}\right) \tag{19}$$

K = Gleichgewichtskonstante der Reaktion

oder

$$\Delta G = -RT\,(\ln K - \ln x)$$

x = Verhältnis der Konzentrationen $\frac{c \cdot d}{a \cdot b}$.

Hat x den Wert 1 (gleiche molare Ausgangs- und Endkonzentration), dann gilt für den Molumsatz

$$\Delta G = -RT \ln K \qquad \text{oder für } 25\,^\circ\mathrm{C}$$

$$\Delta G^\circ = -RT' \ln \mathrm{K}.$$

ΔG° ist die Änderung der freien Enthalpie unter Standardbedingungen pro Mol Umsatz. Man bezeichnet diese Größe auch als Grundreaktionsarbeit. ΔG einer Reaktion wird also bestimmt durch die Grundreaktionsarbeit ΔG° und einer Restreaktionsarbeit

$$\Delta G' = \Delta G^\circ + RT' \ln x. \tag{20}$$

Ist das Verhältnis der Konzentration zu Beginn der Reaktion $\frac{c \cdot d}{a \cdot b}$ gleich dem Verhältnis der Konzentrationen im Gleichgewichtszustand, ergibt sich für ΔG der Zahlenwert 0.

$$\Delta G = -(RT \ln K - RT \ln K) = 0, \tag{21}$$

d. h. im Gleichgewichtszustand ist die Änderung der freien Enthalpie 0; derartige Systeme sind nicht in der Lage, Arbeit zu leisten. Ein thermodynamisches Gleichgewicht ist aus kinetischer Sicht definiert, wenn die Zahl der Änderungen des Systems in der einen Richtung gleich der Zahl der Änderungen in der anderen sind, d. h. in summa den Wert 0 ergeben. Man spricht in solchen Fällen auch von einem dynamischen Gleichgewicht. (Ein typisches Beispiel ist das System Wasser—Wasserdampf im Gleichgewicht). Die thermodynamische Forderung für ein Gleichgewicht $dG = 0$ ist, daß die Änderung der Entropie des Systems in der einen oder anderen Richtung gleich 0 wird. Solange sich aber ein Vorgang dem Gleichgewicht freiwillig nähert, wird für abgeschlossene Systeme insgesamt eine Zunahme der Entropie stattfinden. Das bedeutet, daß die Gleichgewichtsbedingung $dS = 0$ eine Maximumbedingung ist, oder anders ausgedrückt, die Entropie im thermodynamischen Gleichgewicht ihr Maximum erreicht. Hingegen ist die Forderung $dG = 0$ eine Minimal-Bedingung und demzufolge ist das Gleichgewicht durch ein Minimum an freier Enthalpie bzw. freier Energie definiert.

Die Bedeutung der Beziehung zwischen ΔG und der Gleichgewichtskonstanten liegt darin, daß man bei Kenntnis der Gleichgewichtskonstanten freie Enthalpiewerte berechnen kann und umgekehrt. An Hand eines Zahlenbeispiels soll die Konzentrationsabhängigkeit der freien Enthalpie demonstriert werden.

Für die Hydrolyse von ATP beträgt ΔG° (Grundreaktionsenthalpie bei pH 7) — 7,8 kcal/Mol. Bei einem ATP/ADP-Verhältnis von 100:1 und einer HPO_4^{2-}-Konzentration von 0,001 m ergibt sich folgender Zahlenwert:

$$G' = \Delta G^\circ + RT \ln x \quad x = \frac{\text{ADP} \cdot \text{HPO}_4^{2-}}{\text{ATP}} = 10^{-5}$$

$$G' = -7{,}8 + 1{,}98 \cdot 10^{-3} \cdot 298 \cdot 2{,}3 \lg 10^{-5}$$

$$= -7{,}8 - 6{,}8$$

$$= -14{,}6 \text{ kcal/Mol.}$$

2.3. Energiereiche Verbindungen, Kopplungsreaktionen

Die Stoffumwandlungen im lebenden Organismus lassen sich in 3 Gruppen einteilen:

1. *Energieverbrauchende Reaktionen* (endergone Prozesse, Synthesereaktionen).

2. *Energieliefernde Reaktionen* (exergone Prozesse, Abbaureaktionen).

3. Stoffumwandlungen, die ohne wesentlichen Energieverbrauch oder Gewinn erfolgen (*Gleichgewichtsreaktionen*).

Es entstehen daraus die Fragen: 1. Welche Möglichkeiten hat die lebende Zelle, die energieerzeugenden Reaktionen mit den energieverbrauchenden Reaktionen so zu verbinden, daß endergone Stoffumwandlungen eintreten können? Man spricht in solchen Fällen von gekoppelten Reaktionen. 2. Wie hoch ist die Ausnutzung der freien Enthalpie bei einer gekoppelten Reaktion?

Die exakte Beantwortung der Frage nach dem Wirkungsgrad biochemischer Kopplungsreaktionen ist nicht immer leicht. Zur Berechnung dienen die bekannten thermodynamischen Größen, die zwar als Standardwerte in den meisten Fällen bekannt sind, in der lebenden Zelle aber durch vorhandene Konzentrations- und Lösungsbedingungen erheblich abweichen können. In den meisten Fällen wird der Nutzeffekt einer exergon ablaufenden Reaktion aus der entstehenden Menge energiereicher Verbindungen pro Mol Stoffumsatz berechnet. Z. B. beträgt der Wirkungsgrad des oxydativen Glucoseabbaues unter Zugrundelegung der ATP-Bildung 50–60%.

Auf die Beantwortung der ersten Frage soll nun etwas näher eingegangen werden. Die Kopplung zwischen energieverbrauchenden Synthesereaktionen und energieliefernden Abbaureaktionen erfolgt in vielen Fällen durch *Energieüberträger*. Als Energieüberträger fungieren Verbindungen, die einen hohen Energiegehalt (hohes chemisches Potential) besitzen. Man bezeichnet sie auch als

„energiereiche“ Verbindungen oder Verbindungen mit hohem Gruppenpotential. Der hohe Energieinhalt dieser Verbindungen äußert sich darin, daß sie bei der Hydrolyse einen hohen Betrag freier Enthalpie liefern. Tab. 2 gibt einen Überblick über die wichtigsten Vertreter dieser Verbindungsklasse, sowie die Änderung der freien Enthalpie bei der Hydrolyse unter Standardbedingungen. Im Vergleich dazu liefert die Hydrolyse normaler Phosphatester 2—3 kcal/Mol.

Tabelle 2:

$\Delta G°$-Werte bei Hydrolyse „energiereicher“ Verbindungen

Verbindung	$-\Delta G°$ kcal/Mol
Pyrophosphat	6,0
Acetyl-Coenzym A	6,3
Adenosindiphosphat	6,5
Adenosintriphosphat	7,8
Acetylphosphat	8,7
Phosphokreatin	9,8
Phosphoenolpyruvat	12,4
Acetyladenylat	13,0

Um die Höhe des *Gruppenpotentials* energiereicher Verbindungen zu deuten, müssen verschiedene Effekte herangezogen werden. Bei den meisten Verbindungen dieser Klasse konnte nachgewiesen werden, daß die durch die Hydrolyse entstehenden Spaltprodukte in einer Vielzahl verschiedener Resonanzformen vorliegen können, welche durch Mesomerie zwischen benachbarten Atomen entstehen. Bekanntlich sind Verbindungen mit hoher Resonanz besonders stabil, d. h. energiearm. Der hohe Energiegewinn bei der Spaltung der Verbindungen wird dadurch erklärt, daß durch die Zusammenlagerung der Spaltprodukte die Resonanzmöglichkeiten beider Partner eingeschränkt werden („opposing Resonance", KALCKAR 1941). Die Verbindung hat eine geringere Stabilität, ist demzufolge energiereicher. Nach KALCKAR setzt sich die gemessene Änderung der freien Enthalpie ΔG_3° bei der Hydrolyse von Acylphosphaten wie folgt zusammen:

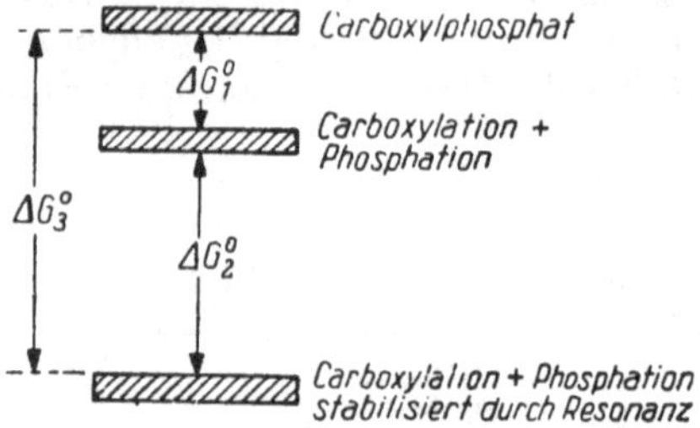

Andere Autoren (OESPER, HILL, MORALES) nehmen an, daß noch zusätzliche Effekte, wie Anhäufung von negativen Ladungen im Molekül, unterschiedliche pK-Werte der Spaltprodukte und Ausgangsstoffe, die Änderung der freien Enthalpie bei der Hydrolyse mitbestimmen. Auch sind Umwandlungen von Enol- in Ketoformen für die Höhe des Energieinhaltes von großer Bedeutung (Phosphoenolpyruvat).

Wie aus Tab. 2 zu ersehen war, enthalten die energiereichen Verbindungen zu einem großen Teil Phosphatreste, welche wiederum mit Phosphat oder einer anderen schwachen Säure anhydridartig verknüpft sind. Mit Hilfe dieser Phosphatverbindungen vermag die Zelle energieverbrauchende Phosphorylierungsreaktionen durchzuführen. Man bezeichnet derartige Umsetzungen als phosphorylierende Kopplungsreaktionen (s. auch oxydative Phosphorylierung). Eine Betrachtung der folgenden Gleichung zeigt, daß eine Phosphorylierung mit freier Phosphorsäure im physiologischen Milieu ein endergoner Prozeß ist,

$$X - OH + H_3PO_4 \rightleftharpoons X - O - PO_3H_2 + H_2O$$

da das in der Zelle im großen Überschuß vorhandene Wasser das Gleichgewicht weit nach links verschiebt.

2.4. *Thermodynamik offener Systeme*

Die aus dem 2. Hauptsatz der Thermodynamik gezogenen Schlußfolgerungen gelten nur für abgeschlossene Systeme, wobei darunter eine beliebige räumliche Abgrenzung verstanden wird, die mit der Umgebung weder im Stoff- noch Energieaustausch steht. In solchen Systemen stellt sich ein zeitunabhängiges Gleichgewicht ein, in dem alle makroskopischen Prozesse beendet sind, oder anders ausgedrückt, aus dem unwahrscheinlichen Zustand der Ordnung entsteht der wahrscheinlichere Zustand der Unordnung mit einem $dG = 0$ und einem Maximum an Entropie.

Die Beziehung zwischen Wahrscheinlichkeit eines Zustandes und der Größe der Entropie wurde von BOLTZMANN in der Gleichung

$$dS = k \cdot \ln W$$

k = BOLTZMANN-Konstante
W = Wahrscheinlichkeit

zum Ausdruck gebracht.

Ein charakteristisches Merkmal biologischer Systeme ist es nun aber, daß sie sich von einem Zustand größerer Unordnung irreversibel zu einem höheren Ordnungsgrad hin entwickeln. Hierfür gibt es genügend Beispiele aus der Ontogenese und Phylogenese, und selbst der Stoffwechsel (z. B. die Photosynthese) stellt eine Ordnungsvermehrung dar.

Es scheint daher zunächst so, als ob der 2. Hauptsatz der Thermodynamik für biologische Systeme keine Gültigkeit besitzen würde, und es hat in der Tat nicht an Wissenschaftlern gefehlt, die diese Annahme bejaht haben. Untersucht man den dynamischen Zustand biologischer Systeme mit Hilfe thermodynamischer Parameter, so fällt auf, daß derartige Systeme sich nur dann entwickeln können, wenn sie mit der Umgebung in Stoff- und Energieaustausch treten. So kann z. B. Stoffwechsel und Wachstum von Zellen nur durch Nahrungszufuhr und Abgabe von Stoffwechselprodukten aufrechterhalten werden. Wir können daher, wenn wir z. B. das Wachstum von Zellen ohne Berücksichtigung des Stoff- und Wärmeaustausches isoliert betrachten, nicht mehr von einem abgeschlossenen System sprechen. Vorgänge, die unter Wärme- und Stoffaustausch mit der Umgebung ablaufen, werden deswegen als „*offene Systeme*“ bezeichnet. Der 2. Hauptsatz der Thermodynamik hat aber nur Gültigkeit für abgeschlossene Systeme. Biologische Prozesse für sich betrachtet sind offene Systeme, und man kann demzufolge die Forderungen des 2. Hauptsatzes nicht auf biologische Vorgänge übertragen, solange man sie nicht als offene Systeme behandelt.

Natürlich hängt es von der Betrachtungsweise ab, wie „offen“ oder wie „geschlossen“ ein solches System ist. Thermodynamisch gesehen ist das Tier mit seiner Umwelt schon ein abgeschlosseneres System als das Tier allein, da sich Stoff- und Energieaustausch praktisch in ihr vollziehen und innerhalb eines solchen biologischen Systems gilt auch der 2. Hauptsatz, sofern man Tier und eine begrenzte Umwelt als ein abgeschlossenes System definieren kann. Die Entropieabnahme in einem Teilprozeß des Systems (Entwicklung des Tieres) bedeutet nicht, daß sich die Entropie des Gesamtsystems nicht vergrößert hat. Auch bei physikalischen Zustandsänderungen ist die Erscheinung der Strukturbildung bekannt. Betrachtet man z. B. die Kristallbildung in einer Schmelze, so ist leicht einzusehen, daß der Kristall gegenüber der Schmelze einen höheren Ordnungszustand besitzt, d. h. die Entropie des Kristalls gegenüber der flüssigen Phase kleiner ist, obwohl der Prozeß bei gegebener Temperatur einseitig abläuft. Faßt man jedoch den Kristall mit demjenigen Teil der Umgebung, mit dem Wärmeaustausch stattfindet, zu einem isolierten System zusammen, so gilt für das gesamte System die Aussage: Die Entropie des Gesamtsystems nimmt zu, da ja die Erstarrungswärme an die Umgebung abgegeben wurde, somit potentielle Energie irreversibel in ungeordnete kinetische Energie verwandelt wurde.

Die Aussagen des 2. Hauptsatzes haben allerdings nur Gültigkeit für den makroskopischen Bereich. Im Gebiet kleiner Molekülzahlen und in kleinen Räumen ist die statistische Verteilung der Moleküle nicht mehr gleichmäßig. Das führt z. B. zu Dichteschwankungen bei Gasen oder zu ungleicher Verteilung kinetischer Energie (BROWNsche Molekularbewegung), was im Prinzip gegen das Entropiegesetz verstößt. Die Problematik ist aber für thermodynamische Untersuchungen biologischer Prozesse von untergeordneter Bedeutung, sofern man das System so groß wählt, daß es außerhalb der Abweichung vom statistischen Mittel liegt.

Wodurch zeichnen sich nun offene Systeme aus? Es wurde bereits festgestellt, daß der Stoff- und Energieaustausch mit der Umgebung ein wesentliches Merkmal solcher Systeme ist. Der ungehinderte Austausch führt in den meisten Fällen zur Einstellung eines stationären Nichtgleichgewichtszustandes des Systems. Dieser Zustand ist durch folgende Parameter charakterisiert: 1. Die Umwandlungsgeschwindigkeit (z. B. im Falle chemischer Reaktionen die Reaktionsgeschwindigkeit) ist konstant. 2. Alle intensive Größen wie Druck, Temperatur und Konzentration sind konstante Größen. 3. Der im stationären Zustand ablaufende Gesamtprozeß ist irreversibel.

Viele Prozesse im lebenden Organismus, z. B. die chemischen Reaktionen einer enzymatischen Stoffwechselkette, Transportphänomene usw. können unter bestimmten Bedingungen als stationäre Nichtgleichgewichtszustände offener Systeme betrachtet werden. Sie werden auch *Fließgleichgewichte* oder *steady-state-Systeme* (v. BERTALANFFY) genannt.

Kinetisch gesehen, zeichnet sich ein Fließgleichgewicht dadurch aus, daß Zusammensetzung und Mengenverhältnisse der an der Umsetzung teilnehmenden Partner konstant und die zeitlichen Änderungen der Zwischenprodukte 0 sind. Wird z. B. ein Stoff A über Zwischenstufen zu P umgesetzt, $A \rightarrow B \rightarrow C \rightarrow D \rightarrow E \rightarrow P$, dann ist im Fließgleichgewicht

$$-\frac{\mathrm{d}A}{\mathrm{d}t} = \text{konstant} = \frac{\mathrm{d}P}{\mathrm{d}t}$$

$$\frac{\mathrm{d}B}{\mathrm{d}t} = \frac{\mathrm{d}C}{\mathrm{d}t} = \frac{\mathrm{d}D}{\mathrm{d}t} = \frac{\mathrm{d}E}{\mathrm{d}t} = 0. \tag{22}$$

Dabei brauchen die Mengenverhältnisse von Teilreaktionen nicht dem thermodynamischen Gleichgewicht entsprechen. Weiterhin sei vermerkt, daß die Verhältnisse der Konzentrationen der Reaktionszwischenprodukte bei hinreichend großem Wert der Eingangskonzentration ausschließlich durch die Systemkonstanten definiert werden.

Welche thermodynamischen Größen können in offenen Systemen definiert werden? Unter Zugrundelegung der Definition der Entropie stellt die Geschwindigkeit der Entropieänderung $\frac{\mathrm{d}S}{\mathrm{d}t}$ während des Ablaufs der Zustandsänderung eine charakteristische Größe offener Systeme dar.

Der 2. Hauptsatz kann unter Berücksichtigung von Stoff- und Energieaustausch mit der Umgebung wie folgt formuliert werden:

$$\mathrm{d}S = \mathrm{d}S_i + \mathrm{d}S_A.$$

Die Gesamtentropieänderungen eines Systems $\mathrm{d}S$ setzt sich aus zwei Anteilen zusammen, der Entropieänderung, die durch Wärme- und Stoffaustausch mit der Umgebung entsteht ($\mathrm{d}S_A$) — dieser Anteil kann positiv oder negativ je nach Prozeßführung sein — und der 2. Anteil $\mathrm{d}S_i$ des Systems, der seine Ursache in den irreversibel ablaufenden Prozessen im Innern des Systems hat und demzufolge positiv ist und nur bei reversibler Prozeßführung verschwindet. Die Gesamtentropieänderung eines offenen Systems kann also sowohl zu- als auch abnehmen, je nachdem wie „negativ" oder „positiv" $\mathrm{d}S_A$ bei der Reaktion ist. Im Falle adiabatischer Vorgänge wird $\mathrm{d}S = \mathrm{d}S_i$, die Gesamtentropieänderung ist dann immer positiv.

Entsprechend der oben gebrauchten Formulierung gilt dann für die Geschwindigkeitsfunktionen:

$$\frac{\mathrm{d}S}{\mathrm{d}t} = \frac{\mathrm{d}S_i}{\mathrm{d}t} + \frac{\mathrm{d}S_A}{dt} \tag{23}$$

$\frac{\mathrm{d}S_A}{\mathrm{d}t}$ stellt die Entropieströmung, d. h. die Änderungsgeschwindigkeit der Entropie auf Grund des Wärme- und Stoffaustausches und $\frac{\mathrm{d}S_i}{\mathrm{d}t}$ die Entropieerzeugung, d. h. die Änderungsgeschwindigkeit der Entropie des Systems durch irreversible Prozesse dar.

$\frac{\mathrm{d}S}{\mathrm{d}t}$ kann als Gesamtentropieänderungsgeschwindigkeit ebenfalls negativ oder positiv sein, $\frac{\mathrm{d}S_i}{\mathrm{d}t}$ ist stets positiv.

Die Entropieströme stehen in einem bestimmten Zusammenhang zur Umsatzgeschwindigkeit eines offenen Systems. Nach einer Ableitung von DE DONDER, die von ONSAGER erweitert wurde, läßt sich zeigen, daß die Entropieerzeugung eine Funktion der aus der Summe der Produkte von Affinitäten chemischer Reaktionen X_i und den dazugehörigen Reaktionsgeschwindigkeitskonstanten J_i ermittelten Größen unter bestimmten Bedingungen ist. Diese Beziehung wurde von ONSAGER auch auf physikalische Zustandsänderungen wie Wärmeleitung, Diffusion, Elektrizitätsleitung usw. erweitert, wobei er voraussetzte, daß zwischen den Strömen und Kräften homologe lineare Beziehungen bestehen.

Es gilt daher

$$\sum_{i=1}^{i=i} J_i X_i = T \frac{\mathrm{d}S_i}{\mathrm{d}t} \tag{24}$$

Der Ausdruck $T \frac{\mathrm{d}S_i}{\mathrm{d}t} = T \cdot Q$ wird auch als Dissipation bezeichnet.

Er hat die Dimension einer Leistung, d.h. Energieänderung pro Zeit und ist ein Maß für die Geschwindigkeit der Energiezerstreuung in Wärme und kann zur allgemeinen Charakterisierung eines offenen Systems dienen. $\frac{\mathrm{d}S}{\mathrm{d}t}$ besitzt die Eigenschaft, bei Erreichen des stationären Zustandes eines offenen Systems den kleinsten positiven Wert anzunehmen. Das bedeutet, daß Systeme im Fließgleichgewicht ein Minimum an Entropie erzeugen. Diese Feststellung hat besondere Bedeutung für biologische Prozesse, deren offene Systeme häufig eng gekoppelte Stoff- und Energieübertragungen mit hohem Wirkungsgrad darstellen. Man kann in der Erscheinung der minimalen Entropieerzeugung irreversibel ablaufender Reaktionen im steady-state ein biologisch-ökonomisches Prinzip vermuten. Allerdings ist die generalisierte Anwendung des Minimalprinzips auf biologische, chemische und physikalische Umwandlungen an eine Anzahl von Voraussetzungen gebunden, die häufig nicht gegeben sind bzw. noch nicht überprüft wurden.

Der stationäre Nichtgleichgewichtszustand ist weiterhin dadurch charakterisiert, daß die Entropieänderung des offenen Gesamtsystems verschwindet, d. h. $\frac{\mathrm{d}S}{\mathrm{d}t} = 0$ wird. Dann muß $\frac{\mathrm{d}S_A}{\mathrm{d}t}$ immer negativ sein. Die negative Entropieströmung wird durch Wärmeabgabe und durch Zufuhr und Abgabe von Materie hervorgerufen. Daraus ist wieder ableitbar: Nur thermodynamisch offene Systeme können in einem Fließgleichgewicht vorliegen. Ist $\frac{\mathrm{d}S}{\mathrm{d}t}$ positiv oder negativ, befindet sich das System nicht mehr im Fließgleichgewicht. Offene Systeme haben jedoch die Eigenschaft, sich diesem Gleichgewicht zu nähern.

Die Anwendung der Aussagen der Thermodynamik irreversibler Prozesse auf biologische Systeme hat zu interessanten Ergebnissen geführt. Zunächst konnte der scheinbare Widerspruch der Forderung des 2. Hauptsatzes und der Strukturbildung in der lebenden Natur beseitigt werden. Viele Beziehungen zwischen den allgemein-biologischen Gesetzmäßigkeiten wie Wachstum, Entwicklung, Anpassung und den rein physikalischen Aussagen der Thermodynamik offener Systeme sind natürlich nicht exakt bewiesen, sondern tragen spekulativen Charakter. Auf der Ebene chemischer Stoffwechselketten ist es dagegen prinzipiell möglich, Berechnungen über die Entropieerzeugung durchzuführen.

Abschließend sollen die wichtigsten Kriterien offener Systeme mit denen abgeschlossener thermodynamischer Systeme verglichen werden.

Abgeschlossene Systeme	Offene Systeme
1. Sie streben einem zeitunabhängigen thermodynamischen Gleichgewicht zu.	1. Sie streben zeitunabhängiges Fließgleichgewicht an.
2. Thermodynamische Gleichgewichte sind reversibel.	2. Fließgleichgewichte sind irreversible Systeme.
3. Das Gleichgewicht ist durch ein Maximum an Entropie charakterisiert. Die Entropieänderung $\mathrm{d}S$ im Gleichgewicht ist gleich 0.	3. Das Fließgleichgewicht ist durch ein Minimum an innerer Entropieerzeugung charakterisiert $\frac{\mathrm{d}S}{\mathrm{d}t} = \min.$
4. Kein Wärme- und Stoffaustausch mit der Umgebung.	4. Wärme- und Stoffaustausch mit der Umgebung.

3. Die biologische Oxydation

3.1. Allgemeines

Unter biologischer Oxydation versteht man die enzymatische Oxydation von Naturstoffen in der belebten Materie. Endprodukte der Oxydation von Fetten und Kohlenhydraten sind Kohlendioxyd und Wasser, von Aminosäuren Kohlendioxyd, Wasser und Harnstoff.

Seit der Hypothese LAVOISIERS (1780), daß die im Organismus ablaufenden Oxydationen Verbrennungen gleichzusetzen seien, wurden biologische Oxydation und Verbrennung als synonyme Begriffe aufgefaßt. Diese Identität trifft nur für die Brutto-Reaktionsgleichungen und für die Menge freigesetzter Energie zu. Sonst bestehen zwischen der biologischen Oxydation und der Verbrennung prinzipielle Unterschiede:

1. Die *biologische Oxydation* stellt keine einstufige exotherme Reaktion wie die Verbrennung dar, sondern ist eine Reaktionskette, in deren Verlauf die freiwerdende Energie einmal in Form von Wärme auftritt, zum anderen ein beträchtlicher Teil an Energie in gebundener Form (chemische Energie) konserviert bleibt.

2. Oxydationen in biologischen Systemen sind nahezu ausnahmslos *Enzym-Katalysen*.

3. Bei der Verbrennung organischer Substanzen geht die Freisetzung von Energie im allgemeinen auf die Oxydation von Kohlenstoff zu Kohlendioxyd zurück, während bei der biologischen Oxydation die *Knallgasreaktion*, d. h. die Oxydation des Wasserstoffs zu Wasser (die *schrittweise* abläuft) die Energie liefert.

Die Oxydation fast sämtlicher der Zelle für die Energieproduktion zur Verfügung stehenden Verbindungen läuft über folgende Stufen ab:

1. Bildung von C_2-Bruchstücken (*Acetyl-Coenzym-A*). Die hieran beteiligten Reaktionsfolgen sind für verschie-

dene Substrate unterschiedlich (z. B. Glykolyse, Fettsäureoxydation usw.).

2. Umwandlung der C_2-Körper im *Citronensäure-Cyclus*, wobei Kohlendioxyd (durch Decarboxylierung) und $NADH_2$ bzw. $NADPH_2$ bzw. reduziertes Flavin entstehen. Die Bildung des Kohlendioxyds ist von keiner nennenswerten Energiefreisetzung begleitet.

3. Oxydation von $NADH_2$, $NADPH_2$ oder reduziertem Flavin im Verlauf der Atmungskette unter Bildung von Wasser und Freisetzung von Energie.

Es gibt nur eine begrenzte und relativ kleine Zahl von Oxydoreduktionen im Organismus. Die vorbereitenden Reaktionen sind mannigfaltig und variieren von Substrat zu Substrat; der Endabbau dagegen verläuft meist über eine gemeinsame Strecke.

3.2. Wesen der Oxydation

Unter Oxydation versteht man die Abgabe, unter Reduktion die Aufnahme von Elektronen. Grundsätzlich ist jede Oxydation mit einem Reduktionsvorgang verknüpft und umgekehrt, da die Elektronen, die der Stoff, der oxydiert wird (Reduktionsmittel) abgibt, auf das Oxydationsmittel, das dabei reduziert wird, übertragen werden. Man bezeichnet den Stoff, der Elektronen abgibt, als Elektronendonator, den Stoff, der Elektronen aufnimmt, als Elektronenacceptor. Ein solches Oxydations-Reduktions-Paar nennt man Redoxsystem.

Die Vorstellung, daß die Oxydation mit einer Sauerstoffaufnahme bzw. die Reduktion mit einer Wasserstoffaufnahme verbunden sind, betrifft nur einen speziellen Typ eines Redoxsystems. Es gibt viele Redoxreaktionen, die ohne O_2- oder H_2-Anlagerung verlaufen, z. B.

$$\begin{array}{l} 2\,Fe^{++} - 2\,e \rightleftarrows 2\,Fe^{+++} \\ J_2 \quad + 2\,e \rightleftarrows 2\,J^- \\ \hline 2\,Fe^{++} + J_2 \rightleftarrows 2\,Fe^{+++} + 2\,J^- \end{array}$$

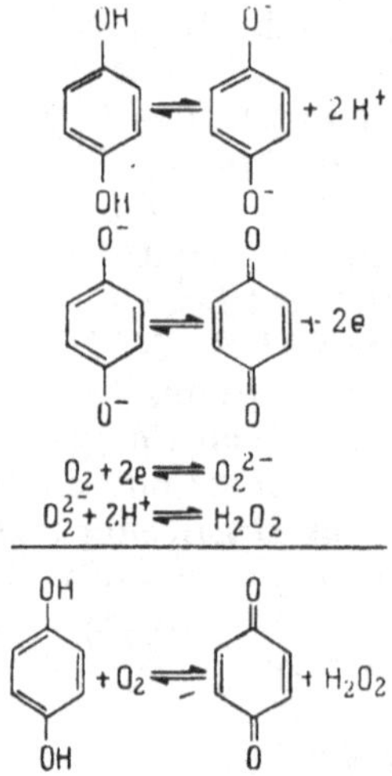

Die Elektronenaffinität der Reaktionsteilnehmer bestimmt die Richtung des Elektronenflusses. Die Spannungsreihe der Elemente oder Verbindungen ist eine Anordnung der Elemente oder Verbindungen entsprechend ihrer Elektronenaffinität.

3.3. *Redoxpotential*

Die *Elektronenaffinität* eines jeden Stoffes ist meßbar, d. h. man kann den Elektronenübergang vom Reduktionsmittel auf das Oxydationsmittel durch eine geeignete Meßanordnung (galvanische Kette) messen.

Wenn man Redoxsysteme gegen eine Normalwasserstoffelektrode (Platinelektrode in HCl mit H^+-Aktivität von 1, Wasserstoffpartialdruck = 760 mm Hg), deren Potential definitionsgemäß = 0 ist, mißt, erhält man Spannungswerte, die ein Ausdruck des Oxydations- bzw. Reduktionsvermögens eines Stoffes sind. Man bezeichnet sie als Redoxpotentiale. Die Größe der einzelnen Redoxpotentiale drückt die Richtung des Elektronenüberganges aus.

Stoffe mit negativerem Potential können nur Stoffe mit positiverem Potential reduzieren (bei der Oxydation ist es umgekehrt). Im vorangegangenen Beispiel hat J_2 gegenüber Fe^{++} das positivere Potential. Fe^{++} reduziert J_2 zu J^- und wird dabei selbst zu Fe^{+++} oxydiert. Die Stöchiometrie dieser Reaktion geht aus der voranstehenden Gleichung hervor. Die Konzentrationsabhängigkeit der Redoxpotentiale ergibt sich aus der NERNSTschen Gleichung:

$$E = E_0 + \frac{R \cdot T}{n \cdot F} \frac{c_{oxyd}}{c_{reduz}}$$

Zeichenerklärung:

E = Redoxpotential

E_0 = Normal- oder Grundpotential

$\frac{R \cdot T}{n \cdot F} \frac{c_{oxyd}}{c_{reduz}}$ = konzentrationsabhängiges Glied,

wobei

R = Gaskonstante (1,98 cal/mol · °C)

T = absolute Temperatur in °K

n = Zahl der übertragenen Ladungen

F = Faraday-Konstante (96500 Coulomb)

c_{oxyd} = Konzentration des oxydierten Stoffes

c_{reduz} = Konzentration des reduzierten Stoffes

Redoxpotentiale biologischer Redoxsysteme werden übereinkommensgemäß bei pH 7,0 gemessen. Die Wasserstoffelektrode hat dann ein Potential von – 0,420 V (pro pH-Einheit beträgt die Potentialdifferenz etwa 0,060 V). Die unter diesen Bedingungen gemessenen Grund- oder Normalpotentiale werden als E_0' bezeichnet. Unter Zugrundelegung dieses Bezugswertes wurde die *Spannungsreihe* biologischer Redoxsysteme aufgestellt, die in der

Tabelle 3 wiedergegeben sind. Bei Bindung der Coenzyme an ihre Enzymproteine kommt es zu charakteristischen und biologisch bedeutungsvollen Veränderungen ihres Redoxpotentials.

Tabelle 3:

Normalpotentiale (E'_0) einiger biologischer Redoxsysteme

Redoxsystem	E'_0 in V	Redoxsystem	E'_0 in V
		Flavoproteid red./oxyd.	– 0,060
Wasserstoffelektrode	– 0,420	Cytochrom b red./oxyd.	– 0,040
$NADPH_2/NADP^+$	– 0,320	Succinat/Fumarat	0,000
$NADH_2/NAD^+$	– 0,320		
β-Oxybuttersäure/Acetessigsäure	– 0,282	Cytochrom c red./oxyd.	+ 0,260
Lactat/Pyruvat	– 0,175	Cytochrom a red./oxyd.	+ 0,290
Malat/Oxalacetat	– 0,160	Sauerstoffelektrode	+ 0,810
Äthanol/Acetaldehyd	– 0,090		

Die elektrochemischen Potentiale der Redoxpartner legen die Richtung des ablaufenden Redox-Vorganges fest. Sie sind ein Maß für die Triebkraft einer Oxydations-Reduktions-Reaktion und können zur Berechnung der freien Enthalpie dieser Reaktion gemäß folgender Beziehung

$$-\Delta G = \Delta E \cdot n \cdot F$$

herangezogen werden.

Zeichenerklärung

ΔG = freie Enthalpie (in Joule)
ΔE = Potentialdifferenz (in Volt)
n = Zahl der Elektronen
F = Faraday-Konstante (96500 Coulomb)

Beispiel: $H_2 + {}^1/_2\, O_2 \rightleftharpoons H_2O.$

$$E_{H2} \rightarrow 2\,H^+ = -0{,}42\ V$$
$$E_{1/2}\, O_2 \rightarrow O^{2-} = +0{,}81\ V$$
$$\Delta E = 1{,}23\ V$$

$$-\Delta G = 1{,}23 \cdot 2 \cdot 96500 = 237\,390\ \text{Joule/Mol}$$

da 4,2 Joule ≙ 1 cal, ergibt sich

$$-\Delta G = 56\,521\ \text{cal/Mol} = \sim 56{,}5\ \text{kcal/Mol}$$

3.4. Atmungskette

Die *Zellatmung*, d. h. der Elektronentransport von dem aus den Substraten des intermediären Stoffwechsels stammenden Wasserstoffs zum Sauerstoff, erfolgt mit Hilfe einer aus verschiedenen Redoxsystemen zusammengesetzten Reaktionskette, die man als Atmungskette bezeichnet. Abb. 24 gibt einen Überblick über den Aufbau der Atmungskette. Die im Schema dargestellten Redoxsysteme stellen die prosthetischen Gruppen bzw. Coenzyme der jeweiligen Enzyme dar.

Wie die in Tabelle 3 angegebenen Redoxpotentiale erkennen lassen, sind die Komponenten der Atmungskette entsprechend ihrem Redoxpotential angeordnet, d. h. die Atmungskette stellt die „Spannungsreihe der biologischen Oxydation" dar. Von den hintereinandergeschalteten Redoxsystemen hat das Paar $NADH_2/NAD^+$ das negativste, das Paar O_2/O^{2-} das positivste Potential. Das Redoxsystem O_2/O^{2-} kann also alle in dem Schema über ihm stehenden Stoffe oxydieren. Man unterteilt die Atmungskette in einen *wasserstoff-* und einen *elektronenübertragenden* Teil.

Zum wasserstoffübertragenden Teil gehören die Dehydrogenasen der Substrate mit den Pyridinnucleotiden als Coenzyme, die Flavinenzyme und das Ubichinon. Der elektronenübertragende Teil besteht aus den Cytochromen und der Cytochromoxydase. Die reduzierenden

Äquivalente im wasserstoffübertragenden Anteil sind selbstverständlich die Elektronen des Wasserstoffs. Pro Mol NAD, FAD und Ubichinon werden zwei Elektronen übertragen (Zwei-Elektronen-Transport), pro Mol Cytochrom bzw. Cytochromoxydase nur ein Elektron (Ein-Elektronen-Transport). Der molekulare Sauerstoff am Ende der

$$\text{Substrat} \rightrightarrows \text{NAD} \rightrightarrows \text{FAD} \rightrightarrows \text{Ubichinon} \rightarrow b \rightarrow c_1 \rightarrow c \rightarrow a \rightarrow \text{Cyt.-Ox.} \rightrightarrows O_2$$

Zwei- und Ein-Elektronentransport in der Atmungskette

Atmungskette wird in zwei Zwei-Elektronen-Übertragungsschritten reduziert. Möglicherweise bildet sich dabei als kurzlebiges Zwischenprodukt Wasserstoffperoxyd.

Die Aufgabe der Atmungskette ist die stufenweise Oxydation des Substratwasserstoffs zu H_2O. In der modernen Auffassung der Oxydation biologischer Substrate vereinen sich zwei klassische Anschauungen:

a) die WIELANDsche Theorie des aktivierten Wasserstoffs und b) die WARBURGsche Vorstellung, daß das Wesen der biologischen Oxydation in der Aktivierung des Sauerstoffs besteht.

3.4.1. *Wasserstoffübertragender Teil der Atmungskette*

3.4.1.1. *Pyridinnucleotidabhängige Enzyme*

Die Oxydation organischer Verbindungen in der Zelle beginnt primär mit einer Dehydrierung. Die Grundtypen der Dehydrierungsreaktionen sind der Tab. 4 zu entnehmen. Der Mechanismus der Wasserstoff-Übertragung sowie die Struktur des NAD^+ (Nicotinsäureamidadenindinucleotid) und $NADP^+$ (Nicotinsäureamidadenindinucleotidphosphat) sind auf Seite 59ff. und im Teil I S. 150 beschrieben. Als Wasserstoffacceptoren dienen entweder NAD^+ oder $NADP^+$ (in vereinzelten Fällen auch Flavoproteide), die als Coenzyme der NAD^+- oder $NADP^+$-

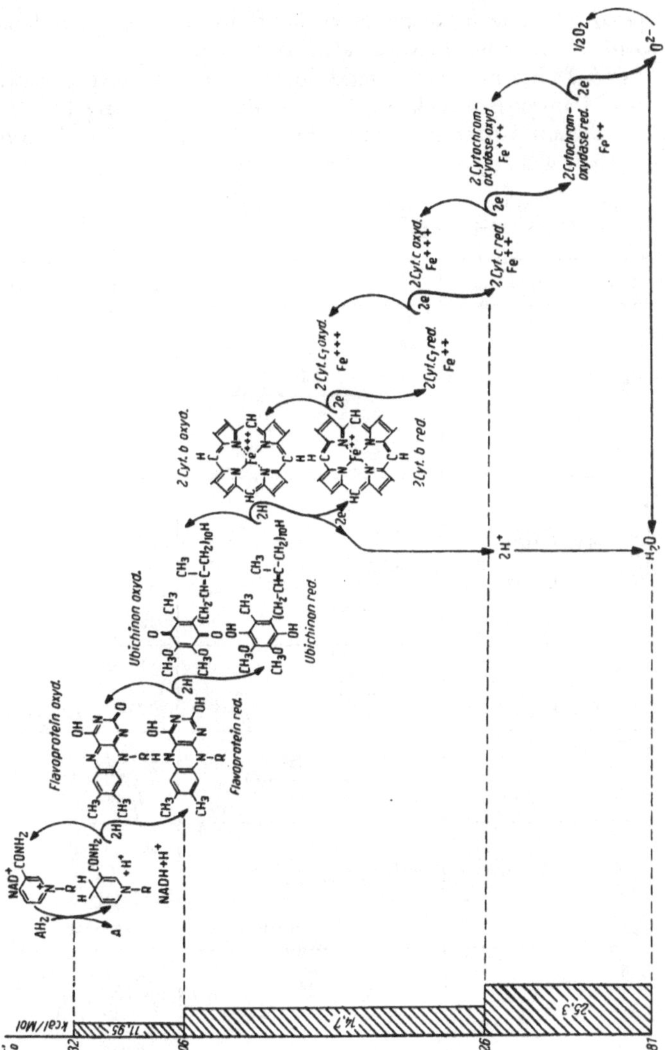

Abb. 24: Schematische Darstellung der Atmungskette (in Anlehnung an CHANCE)

spezifischen Dehydrogenasen das Sammelbecken für fast sämtlichen Substratwasserstoff darstellen.

Die Dehydrogenasen sind historisch sehr interessant, da mit ihrer Entdeckung (WARBURG) der Anfang für die klassischen Untersuchungen der stufenweisen Oxydation gegeben war.

Tabelle 4: Dehydrierungstypen

Ausgangsverbindung		Oxydationsprodukt
$R-CH_2-CH_2-R'$ gesättigte Verbindung	$\xrightarrow{-2H}$	$R-CH=CH-R'$ ungesättigte Verbindung
$R'-CH=CH-R'$ ungesättigte Verbindung	$\xrightarrow[\text{Hydratation}]{+H_2O}$ $R-CH_2-CHOH-R'$ $\xrightarrow{-2H}$	$R-CH_2-C(=O)-R'$ Keton
$R'-CHOH-R$ sek. Alkohol	$\xrightarrow{-2H}$	$R'-C(R)=O$ Keton
$R-CH_2OH$ prim. Alk.	$\xrightarrow{-2H}$	$R-C(=O)H$ Aldehyd
$R-C(=O)H$ Aldehyd	$\xrightarrow{+H_2O}$ $R-HC(OH)_2$ $\xrightarrow{-2H}$ Aldehydhydrat	$R-C(=O)OH$ Carbonsäure
$R-CH(NH_2)-COOH$ Aminosäure	$\xrightarrow{-2H}$ $R-C(=NH)-COOH$ $\xrightarrow{+H_2O}$ Iminosäure	$R-C(=O)-COOH + NH_3$ Ketosäure

In zahlreichen Fällen ist eine Dehydrierung erst nach Hydratisierung des Substrates (s. Tab. 4) möglich. Das hat zur Folge, daß das intrazelluläre Wasser eine bemerkenswerte Umsatzrate besitzt. Im Flugmuskel der afrikanischen Wanderheuschrecke Locusta migratoria z. B. können stündlich bis zu 25% des verfügbaren Zellwassers für derartige Reaktionen in Anspruch genommen werden.

Etwa 200 verschiedene Enzymproteine sind bekannt, die entweder NAD^+, $NADP^+$ oder beide als Coenzyme besitzen und teils im Cytoplasma, teils in den Mitochondrien vorkommen. Trotz der Vielzahl der Dehydrogenasen lassen sich die Dehydrierungsreaktionen auf eine kleine Zahl von Dehydrierungstypen zurückführen (Tab. 4). Von den hydrierten Pyridinnucleotiden unterliegt $NADH_2$ vorwiegend der Oxydation innerhalb der Atmungskette, während $NADPH_2$ bevorzugt für reduktive Synthesen Verwendung findet. Vergleicht man die Redoxpotentiale der Systeme $NADH_2/NAD^+$ und $NADPH_2/NADP^+$, so erscheinen sie fast gleich. Auf Grund der in der Zelle gemessenen $NADH_2/NAD^+$- und $NADPH_2/NADP^+$-Quotienten dürfte das „wahre" Redoxpotential von $NADPH_2/NADP^+$ im Cytoplasma jedoch 30—70 mV negativer als in Tab. 3 angegeben sein. In Mikroorganismen und tierischen Geweben sind Transhydrogenasen nachgewiesen worden, die Wasserstoff von reduzierten Pyridinnucleotiden auf ihre oxydierten Formen übertragen können.

Die Oxydation der reduzierten Pyridinnucleotide erfolgt durch die in der Atmungskette nachgeschalteten Flavinenzyme.

3.4.1.2. *Flavinenzyme*

Die Flavine sind die prosthetischen Gruppen der „gelben" Fermente (Flavoproteide, Flavinenzyme). Man unterscheidet bei den Flavinen zwischen Flavinadenindinucleotid (FAD) und Flavinmononucleotid (FMN):

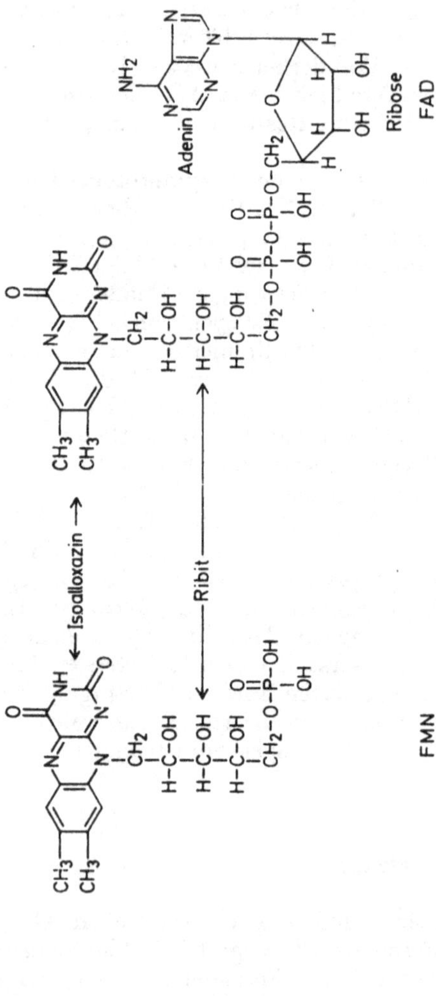
Isoalloxazin
Ribit
Adenin
Ribose
FAD
FMN

Gemeinsamer Bestandteil beider Flavine ist das Riboflavin (Vitamin B_2). Die meisten Flavoproteide enthalten FAD. Die Reduktion der Flavine (z. B. durch $NADH_2$ oder $NADPH_2$) ist mit einer Änderung der Elektronenverteilung im Isoalloxazinringsystem verbunden:

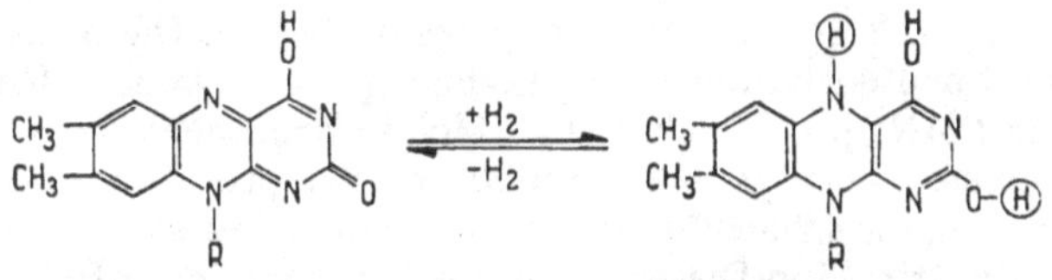

Messungen von Infrarotspektren und Untersuchungen der Elektronen-Spin-Resonanz ergaben, daß während der Reduktion der Flavine Radikale (Semichinone) auftreten. Flavine können also in drei verschiedenen Oxydationszuständen auftreten, die durch chemische und physikalische (optische) Eigenschaften voneinander unterschieden werden können: 1. oxydierter Zustand = Flavochinon, 2. halbreduzierter oder Radikalzustand = Flavosemichinon (Anwesenheit eines ungepaarten Elektrons), 3. reduzierter Zustand = Flavohydrochinon. Sie gehen durch zwei sehr schnell hintereinanderfolgende Ein-Elektronen-Übergänge ineinander über. Die Flavine können in der Atmungskette folglich an Zwei- oder auch an Ein-Elektronen-Übertragungen beteiligt sein.

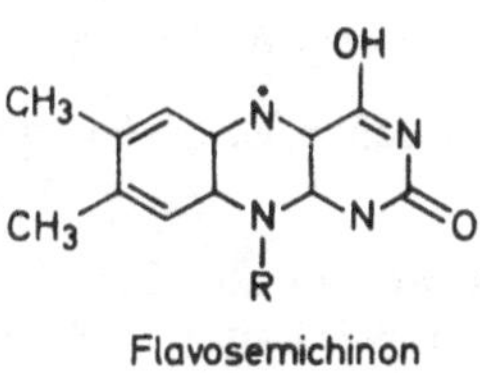

Flavosemichinon

Die Oxydation des $NADH_2$ erfolgt in den Mitochondrien. Die sie katalysierenden Flavoproteide bezeichnet man als $NADH_2$-Dehydrogenasen. Die verschiedenen Flavoproteide unterscheiden sich stark voneinander sowohl in ihrer Struktur und Funktion als auch in ihren Eigenschaften und Reaktionsmechanismen. Dennoch stimmen die Flavoproteide in einer Reihe von charakteristischen Eigenschaften weitgehend überein. Die meisten von ihnen enthalten zwei Flavingruppen (entweder FAD oder FMN) pro Molekül. Das Molekulargewicht des Proteinrestes beträgt etwa 60000—80000 pro Flavin. Die Bindung zwischen Flavin und Protein ist meist sehr fest. Häufig tritt eine Dissoziation nur bei niedrigem pH-Wert und hoher Ionenstärke ein. Neben den einfachen Flavinenzymen gibt es komplex aufgebaute Flavoproteide, die außerdem Hämgruppen (L(+)-Lactatdehydrogenase oder Cytochrom b_2 aus Hefe) oder Metalle direkt gebunden enthalten können (Molybdän, nichthämgebundenes Eisen, Zink).

Flavoproteide wurden in Verbindung mit anderen Komponenten der Atmungskette durch Extraktion von Mitochondrien mit organischen Lösungsmitteln (Alkohol, Petroläther, Isooctan usw.) in zahlreichen Variationen (unterschiedlicher Elektronenacceptor, unterschiedliches Molekulargewicht) isoliert. Der $NADH_2$-Cytochrom-c-Reduktase-Komplex ist partikulär. Er setzt sich aus folgenden Bestandteilen zusammen:

a) $NADH_2$-Dehydrogenaseflavoproteid (F_D), FMN enthaltend,

b) Cytochrom b und c_1,

c) Ubichinon = Coenzym $Q = Q_{10}$

d) nichthämgebundenes Eisen (= Nicht-Häm-Fe = N.H.Fe).

Der Komplex kann durch KCl-Desoxycholatbehandlung in folgende Untereinheiten zerlegt werden:

a) $NADH_2$-Ubichinon-Reduktase: F_D, Ubichinon, Lipide, Nicht-Häm-Fe,

b) Dihydroubichinon-Cytochrom-c-Reduktase: Cytochrom b und c_1, Ubichinon, Lipide, Nicht-Häm-Fe.

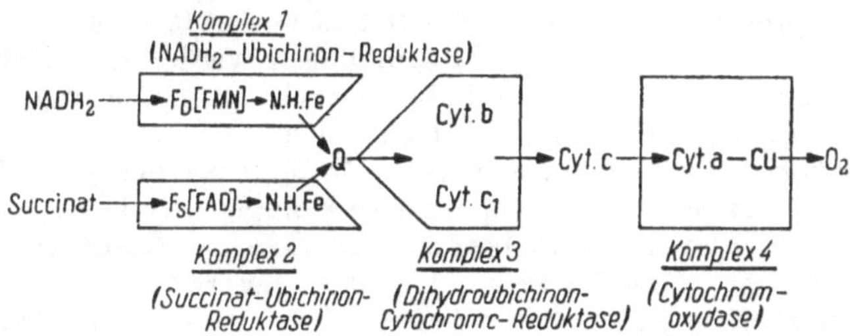

Am Rande sei vermerkt, daß die Dihydroubichinon-Cytochrom-c-Reduktase das aktivste Enzym ist, das bisher aus der Atmungskette isoliert wurde.

Manche flavinkatalysierten Reaktionen, z. B. die Dehydrierung des Acetyl-Coenzym A (Fettsäureabbau), benötigen neben der prosthetischen Gruppe der Dehydrogenase ein zusätzliches Flavoproteid, das den Elektronentransport vom $FADH_2$ der Dehydrogenase auf das Cytochrom-System übernimmt. Derartige elektronenübertragende Flavoproteide („electron transfer flavins" = ETF) wurden aus Schweineleber isoliert (Molekulargewicht ~80000). Sie brauchen Cytochrom als Elektronenacceptor und enthalten 1 Atom Fe pro 6 Moleküle Flavin. Der geringe Eisen- und Kupfergehalt der ETF ist interessant, da die übrigen Flavoproteide einen höheren Gehalt an diesen Metallen, die für den Elektronentransport verantwortlich gemacht werden, aufweisen.

Flavoproteide können direkt mit solchen Substraten reagieren, deren Oxydation nicht über die Pyridinnucleotide verläuft. Voraussetzung dafür ist jedoch ein positiveres Redoxpotential des betreffenden Substrates gegenüber dem $NADH_2/NAD^+$-System. In obige Abbildung wurde bereits die Oxydation des Succinats eingefügt. Succinat wird durch die Succinoxydase, einen Enzymkomplex, der sich aus der eigentlichen Succinatdehydrogenase, Cytochrom c_1, Cytochrom b, Ubichinon, Nicht-Häm-Fe und Cytochromoxydase zusammensetzt, oxydiert. Aus dem Komplex kann die Succinatdehydrogenase, die FAD als prosthetische Gruppe besitzt, extrahiert werden.

Unter physiologischen Bedingungen werden die Elektronen des Succinats auf das Cytochrom c übertragen. Darüber hinaus kann jedoch auch eine katalytische Hydrierung von Farbstoffen (z. B. Methylenblau) durch Succinat und den Succinoxydase-Komplex erfolgen.

Alle Flavoproteide besitzen eine gewisse Diaphoraseaktivität. Man versteht darunter die Fähigkeit, den Substrat-Wasserstoff auf Farbstoffe (z. B. Methylenblau, 2,6-Dichlorphenolindophenol usw.) zu übertragen.

Die Farbstoffe dienen dabei häufig als Modelle für noch nicht bekannte Wasserstoffacceptoren in vivo.

Die Spezifität gegenüber dem Substrat ist bei den Flavoproteiden nicht sonderlich ausgeprägt.

Tab. 5 gibt eine Übersicht über Substrate, prosthetische Gruppen und Elektronenacceptoren einiger Flavoproteide.

3.4.1.3. Ubichinon

Zwischen den Flavinen und Cytochromen ist das sogenannte Ubichinon („Ubi"chinon deshalb, weil sein Vorkommen ubiquitär ist), auch Coenzym *Q* genannt, in den Hauptweg der Atmungskette eingeschaltet.

Ubichinon wurde erstmals aus Rinderherzmitochondrien isoliert. In Hefemitochondrien und Bakterien kommen Homologe vor, die entsprechend der Anzahl der isoprenoiden Einheiten als $Q_{7,\,8,\,9}\ldots$ bezeichnet werden. Bakterien können anstelle von Ubichinon auch Naphthochinone enthalten, die als Elektronenüberträger dienen.

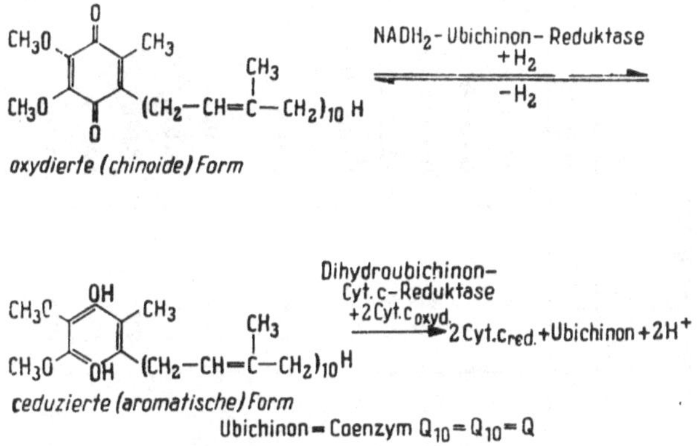

Man nimmt an, daß der Chinon/Hydrochinon-Zustand des Coenzym *Q* ebenso oszilliert wie die Valenz des Cytochromeisens.

Es gibt z. Z. keinen Anhalt dafür, daß α-Phyllochinon (Vitamin K_1), eine dem Ubichinon ähnliche Verbindung, in den Hauptweg der Atmung eingeschaltet ist.

Ubichinon und seine Homologen sind Bestandteile des mitochondrialen Lipoproteids. Die Existenz von Enzymen, die eine direkte Oxydation der reduzierten Flavoproteide durch das Cytochrom-Fe^{+++} katalysieren, hat zu der Annahme veranlaßt, daß das Ubichinon umgangen werden kann, was Charakteristikum einer nicht-phosphorylierenden Atmungskette sein soll.

Die ;,,Brücke" zwischen Flavoproteiden und Cytochromen bzw. Ubichinon und Cytochromen ist noch unbekannt. Unsicher ist ebenso, welches Cytochrom (b, c_1 oder c) der eine Brückenpfeiler ist. In dem vorangestellten Schema der Atmungskette ist Cytochrom b der Pfeiler (entsprechend der Vorstellung von B. Chance), während in der hier nicht skizzierten Slaterschen Darstellung der Atmungskette Cytochrom b in einem Nebenschluß liegt.

Tabelle 5: Substrate, prosthetische Gruppen und Elektronenacceptoren einiger Flavoproteide (auszugsweise nach B. DE BERNARD, 1962)

Enzym	Elektronenacceptor	prosth. Gruppe	Substrat
STRAUB-Diaphorase (1939)	Methylenblau	FAD	$NADH_2$
L-Aminosäureoxydase	O_2	FMN	L-Aminosäuren
D-Aminosäureoxydase	O_2	FAD	D-Aminosäuren
$NADPH_2$-Cytochrom-c-Reduktase	Cyt. c	FMN	$NADPH_2$
Xanthin-Oxydase	O_2, Cyt. c	FAD	Xanthin, Hypoxanthin, Aldehyde
Phyllochinonreduktase	Vit. K, Ubichinon, andere Chinone	FAD	$NADH_2$
$NADH_2$-Dehydrogenase (DE BERNARD, 1957)	$K_3[Fe(CN)_6]$, Cyt. c	FAD	$NADH_2$
$NADH_2$-Dehydrogenase (ZIEGLER, 1959)	$K_3[Fe(CN)_6]$, Cyt. c	FAD	$NADH_2$
$NADH_2$-Dehydrogenase (KING, 1960)	Cyt. c, 2,6-Dichlorphenolindophenol	FMN (?)	$NADH_2$
$NADH_2$-Dehydrogenase (SINGER, 1960)	$K_3[Fe(CN)_6]$	FAD	$NADH_2$
$NADH_2$-Dehydrogenase (MACKLER, 1961)	O_2, Cyt. c, 2,6-Dichlorphenolindophenol	FMN (?)	$NADH_2$

Auf der „Brücke“ kommt es zu einer Umschaltung des 2-Elektronen-Transportes (2 Elektronen/pro Molekül prosthetische Gruppe/pro Übergang) auf einen 1-Elektronentransport. Der Mechanismus der Umschaltung ist nicht bekannt.

Auf der Stufe des Ubichinons sind aus einem Wasserstoff-Molekül des Substrates 2 H^+ und zwei Elektronen entstanden. Letztere durchlaufen den sogenannten elektronentransportierenden Teil der Atmungskette.

3.4.2. *Elektronentransportierender Teil der Atmungskette*

Der elektronenübertragende Teil der Atmungskette setzt sich aus den *Cytochromen b*, c_1, *c*, der *Cytochromoxydase* und O_2 als *Elektronenacceptor* zusammen. Cytochrome und Cytochromoxydase sind *Hämoproteide*, d. h., sie bestehen aus dem Häm (prosthetische Gruppe), das an Protein gebunden ist. Andere Hämoproteide (Hämoglobin, Myoglobin, Katalase, Peroxydase usw.) dienen entweder dem Transport von molekularem O_2 oder sind auch in Redoxreaktionen eingeschaltet. Der Grundkörper des Häms ist das Porphyrin (Tab. 6), das bei den einzelnen Cytochromen unterschiedliche Seitenketten besitzt. Zentralatom des Ringsystems ist Fe (entweder als Fe^{++} oder Fe^{+++}, Schema der Atmungskette, Abb. 24), das einem stetigen Valenzwechsel unterliegt und der eigentliche Elektronenüberträger ist.

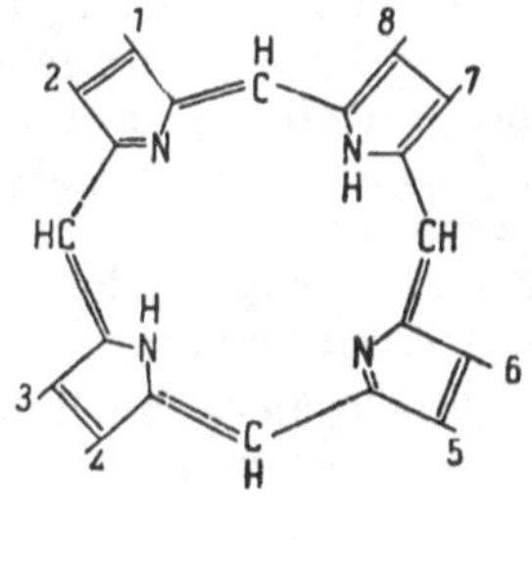

Die Eisenporphyrinverbindungen der einzelnen Cytochrome zeigen eine unterschiedliche Lichtabsorption. Die Orte stärkster Absorption werden als Banden (α-, β-, γ-Bande) bezeichnet. Die Lage der Banden ist aus Tab. 7 zu entnehmen.

Die Reihenfolge der Cytochrome in der Atmungskette wird durch ihr Redoxpotential bestimmt. Über die Stellung einiger Cytochrome (z. B. Cytochrom b) herrscht noch manche Unklarheit.

In Bakterien sind die Cytochrome mit der Bakterienmembran verbunden. Auch anaerob gezüchtete Hefe enthält Hämoproteide in meßbarer Konzentration.

Historisches: Die Cytochrome, früher als Zell- oder Cytohämine bzw. Histohämatine bezeichnet, wurden 1885/86 von MAC MUNN gefunden und 1925 von KEILIN, von dem auch die heutige Bezeichnung und die Einteilung stammen, wiederentdeckt. Das erste Cytochrom (Cytochrom c) wurde 1937 von KEILIN und HARTREE isoliert. Zur Zeit sind ca. 20 verschiedene Cytochrome bekannt.

1. Cytochrom b. Die Stellung des Cytochrom b in der Atmungskette ist noch ungewiß. Es ist sehr wahrscheinlich, daß es zwischen dem Ubichinon und dem Cytochrom c liegt. Sein Molekulargewicht ist 28000 (monomer). Es tendiert stark zur Aggregation und Polymerisation und erreicht dabei Partikelgewichte bis zu 4 Millionen. Cytochrom b ist sehr fest an die Mitochondrienmembran gebunden.

Ein anderes Cytochrom b (b_5) findet sich in Mikrosomen und kann durch $NADH_2$ mittels eines Flavinenzyms ($NADH_2$-Cytochrom-b_5-Reduktase) reduziert werden. Das reduzierte Cytochrom b_5 wird durch Cytochrom c oxydiert. Cytochrom b_5 beschleunigt die Ascorbinsäure-Oxydation. Tieftemperaturspektren (ESTABROOK) legen die Vermutung nahe, daß Cytochrom b_5 kein einheitliches Pigment ist.

Die Cytochrome der b-Gruppe scheinen ebenso wie die der a-Gruppe Lipoproteide zu sein.

2. Cytochrom c_1. Cytochrom c_1 ähnelt dem Cytochrom c, kann es jedoch nicht ersetzen. Es ist vom Cytochrom c durch Tieftemperaturspektroskopie unterscheidbar. Seine Stellung in der Atmungskette ist noch umstritten, wenngleich CHANCE es für eine Komponente des Hauptweges hält. Cytochrom c_1 ist schwerer von der Struktur ablösbar als Cytochrom c.

3. Cytochrom c. Cytochrom c ist das am besten untersuchte Cytochrom. Seine Primärstruktur ist aufgeklärt (MARGOLIASH, TUPPY). Cytochrom c-Arten verschiedener Tiere und Pflanzen unterscheiden sich durch einzelne Aminosäuren im Protein (s. Teil I). Das Protein ist über Thioätherbindungen an das Häm gebunden. Da das Häm tief in die Proteinspirale eingebettet ist, reagiert das Eisen weder mit Sauerstoff noch mit Kohlenmonoxyd oder Cyanid. Das gleiche gilt auch für alle anderen Cytochrome mit Ausnahme der Cytochromoxydase. Während alle anderen Cytochrome strukturgebunden sind, läßt sich Cytochrom c leicht aus den Mitochondrien ablösen. Obwohl Cytochrom c wasserlöslich ist, soll es in den Mitochondrien in Assoziation mit Lipoproteiden auftreten. Cytochrom c ist unter physiologischen Bedingungen nicht autoxydabel. Oxydiertes und reduziertes Cytochrom c haben unterschiedliche Banden (Tab. 7).

4. Cytochromoxydase (= *Cytochrom* $a + a_3$). Die Cytochromoxydase oder das WARBURGsche Atmungsferment ist zur Seite des Sauerstoffs hin das terminale Enzym der Atmungskette. Sie ist autoxydabel und kann durch Cyanid oder Kohlenmonoxyd gehemmt werden. Cyanid reagiert mit der drei-, Kohlenmonoxyd mit der zweiwertigen Form des Häm-Eisens. Die Cytochromoxydase, die fest an die Struktur gebunden ist, jedoch in letzter Zeit gereinigt werden konnte, ist in den Mitochondrien in der Membran lokalisiert. Sie besitzt ein MG von $\sim$350000 und enthält 5 Mol Cytohämin (grüngefärbtes Fe-Porphyrin) pro Mol. Das Cytohämin hat Ähnlichkeit mit dem Spirographishämin.

Während man früher zwischen einem Cytochrom a und einem Cytochrom a_3, das der Cytochromoxydase ent-

Tabelle 6: Seitenketten der Porphyrine verschiedener Cytochrome

Porphyrine einzelner Cytochrome	1	2	3	4	5	6	7	8
Cytochrom b (Protoporphyrin IX)	$-CH=CH_2$	$-CH_3$	$-CH_3$	$-CH_2-CH_2-COOH$	$-CH_2-CH_2-COOH$	$-CH_3$	$-CH=CH_2$	$-CH_3$
Cytochrome c (substituiertes Mesoporphyrin)	$R-S-CH(-CH_3)-$	$-CH_3$	$-CH_3$	$-CH_2-CH_2-COOH$	$-CH_2-CH_2-COOH$	$-CH_3$	$R-S-CH(-CH_3)-$	$-CH_3$
Cytochrom a (Cytohämin)	$-C(=O)H$	$-CH_2-CH_2-COOH$	$-CH_2-CH_2-COOH$	$-CH_3$	$-CH=CH_2$	$-CH_3$	$-CHOH-CH_2-$ Farnesylpyrophosphat	$-CH_3$

Tabelle 7: Spektren einiger Cytochrome

	nm		
—	α	β	γ
Cytochrom a	605	—	449
Cytochrom a_1	589	—	—
Cytochrom a_2	628	—	—
Cytochrom b	567	520	432
Cytochrom b_2	557	528	—
Cytochrom c_{red}	550	522	417
Cytochrom c_{ox}	565	530	407

Tabelle 8:
Redoxpotentiale einiger Cytochrome bei verschiedenen pH-Werten

Cytochrom	E_0' (in V)	pH	Autor	
b	− 0,040	7,3	SLATER	1958
c_1	+ 0,220	6,37 − 7,55	GREEN	1959/60
c	+ 0,248	6,37 − 7,55	GREEN	1959/60
a	+ 0,290	7,3	SLATER	1958

Tabelle 9:
Die wichtigsten Cytochrome und einige ihrer Eigenschaften

Cytochrom	MG	Löslichkeit	Aufbau
c	12000 − 13000	löslich in H_2O	1 Häm/pro Molekül IP = 10 Fe-Gehalt: 0,41% des MG
c_1	~ 400000 (6 Monomere je 70000)	löslich in H_2O	
a	Monomeres: 72000 Anzahl der Monomere?	unlöslich in H_2O	enthält 2 Grammatome Cu pro Monomeres
b	~ 20000	löslich in H_2O (bei Anwendung v. Detergentien)	

sprechen sollte, unterschied, nimmt man heute an, daß die Cytochrome a und a_3 zwei Erscheinungsformen ein und desselben Cytochroms sind. Messungen der magnetischen Susceptibilität belegen, daß Cytochromoxydase zu 65% aus Cytochrom a und zu 35% aus Cytochrom a_3 besteht. Cytochrom a reagiert weder mit Sauerstoff noch mit Kohlenmonoxyd oder Cyanid, während Cytochrom a_3 mit allen angeführten Stoffen reagiert. Die Cytochrome a und a_3 wurden bisher noch nicht getrennt.

Das in der Cytochromoxydase vorhandene katalytisch wirksame Cu (3 Atome Cu/Mol Cytohämin) unterliegt genau wie das Fe einem Valenzwechsel und scheint an der Funktion der Cytochromoxydase beteiligt zu sein.

Aus Azotobacter wurde Cytochrom a_1, aus anderen Mikroorganismen Cytochrom a_2 isoliert.

Historisches: Die Kenntnis, daß die Zellatmung eine Fe-Katalyse ist, stammt von WARBURG. Von ihm wurde auch die Natur der Cytochromoxydase aufgeklärt. Ausgehend von der Beobachtung, daß Kohlenmonoxyd in hohen Konzentrationen die Atmung hemmt, indem es mit komplexgebundenem Fe^{++} eine Verbindung eingeht (Eisen-Kohlenmonoxyd-Komplex) und unter Berücksichtigung der Entdeckung HALDANES, daß die Fe^{++}–CO-Verbindungen photodissoziabel sind, hat WARBURG das Absorptionsspektrum der Cytochromoxydase aufgenommen. Er bestimmte den Grad der Wiederherstellung einer kohlenmonoxydgehemmten Zellatmung nach kurzzeitiger Belichtung mit monochromatischem Licht verschiedener Wellenlänge. Das Prinzip dieses Vorgehens war das GROTTHUSsche Gesetz, das besagt, daß nur dasjenige Licht bei der Photodissoziation wirksam ist, das absorbiert wird. Das Wirkungsspektrum des Lichtes entsprach also dem Absorptionsspektrum der Cytochromoxydase und wies es als Hämoproteid aus.

3.4.3. Elektronenacceptor.

Unter physiologischen Bedingungen werden die Elektronen, die die Atmungskette durchfließen, auf Sauerstoff übertragen. Das entstehende Sauerstoff-Ion (O^{2-}) reagiert mit den Protonen unter H_2O-Bildung.

In vitro läßt sich der Sauerstoff durch künstliche Elektronenacceptoren, z. B. $K_3[Fe(CN)_6]$, ersetzen. Die Elektronenübertragung auf das Ferricyanid soll dabei auf der Stufe des Cytochrom c erfolgen. Andere Elektronenacceptoren reagieren mit den Flavinenzymen (Methylenblau, Phenazinmethosulfat usw.).

Künstliche Elektronenacceptoren unterbrechen die Atmungskette. Dadurch erlauben sie Einblicke in die feineren Übertragungsmechanismen.

3.5. Schicksal der bei der biologischen Oxydation freiwerdenden Energie

Der bei der biologischen Oxydation des Wasserstoffs zum Wasser freiwerdende Betrag an freier Enthalpie ist 56,5 kcal/Mol. Von entscheidender biologischer Bedeutung ist, daß diese Energie innerhalb der Zelle zu einem wesentlichen Anteil in Form von chemischer Energie gespeichert wird und der Zelle nicht direkt für endergonische Reaktionen, wie Arbeitsleistung, Biosynthesen usw. verfügbar ist. Ein anderer Teil der Energie wird als Wärme frei. Die Speicherung der Energie, die bei dem Elektronenfluß vom Wasserstoff zum Wasser durch die Atmungskette frei wird, erfolgt im ATP. Dies geschieht, indem in enger energetischer Kopplung mit der Atmungskette die endergonisch ablaufende Phosphorylierung des ADP zum ATP erfolgt.

$$\text{ADP} + \text{Ⓟ} + \text{Energie} \rightarrow \text{ATP}$$

Man bezeichnet diesen Prozeß als oxydative Phosphorylierung. Da dieser Vorgang in der Atmungskette abläuft, ist der speziellere Ausdruck dafür „Atmungskettenphosphorylierung“. Das Konzept der oxydativen Phosphorylierung stammt von ENGELHARDT (1930—32). Die Bildung von ATP in der Atmungskette wurde 1939 von BELITSER und KALCKAR unabhängig voneinander entdeckt.

ATP seinerseits ist die unmittelbare Quelle der Energie für die biologische Arbeit.

Die bei der Hydrolyse der terminalen Pyrophosphatgruppe des ATP, d. h. beim Übergang des ATP zum ADP freiwerdende Enthalpie, beträgt 7800 cal/Mol. Es ist selbstverständlich, daß der gleiche Energiebetrag für die Synthese des ATP aus ADP und anorganischem Phosphat aufgebracht werden muß. Vergleichen wir diesen Betrag mit der Energiemenge der Wasserstoffoxydation zu Wasser, so läßt sich daraus theoretisch ableiten, daß pro Mol oxydierten Wasserstoffs mehrere Mole ATP im Zuge der Atmungskettenphosphorylierung gebildet werden können. Wie groß ist die Zahl tatsächlich? Viele experimentelle Befunde weisen darauf hin, daß pro Mol oxydierten Wasserstoffs, oder, was dasselbe ist, pro Grammatom verbrauchten Sauerstoffs drei Mole ATP gebildet werden können. Der Phosphorylierungsquotient (P/O-Quotient) hat für die $NADH_2$- bzw. $NADPH_2$-Oxydation den Wert 3. Für die Succinatoxydation hat er den Wert 2, da dieses Substrat unmittelbar durch ein Flavinenzym dehydriert wird.

$$\mathrm{NADH_2\ (bzw.\ NADPH_2) + 3\,ADP + 3\,Ⓟ + {}^1/_2\,O_2} \\ \mathrm{= NAD + 3\,ATP + H_2O}$$

$$\mathrm{Succinat + 2\,ADP + 2\,Ⓟ + {}^1/_2\,O_2} \\ \mathrm{= Fumarat + 2\,ATP + H_2O}$$

Es ergibt sich daraus für die $NADH_2$-Oxydation auf energetischer Basis folgende Ausbeute:

$$\mathrm{NADH_2 + {}^1/_2\,O_2 = NAD + H_2O - 52000\ cal}$$

$$\mathrm{3\,ADP + 3\,Ⓟ = 3\,ATP \qquad + 23400\ cal}$$

Die Ausbeute an ATP beträgt 45%.

Etwa die Hälfte der freien Enthalpie des Wasserstoffs wird in Form von ATP gespeichert, die andere Hälfte wird in Form anderer Energieformen, von denen ein Teil Wärme ist, frei.

3.5.1. Die phosphorylierenden Schritte in der Atmungskette

Aus dem vorhergehenden Abschnitt geht hervor, daß in der intakten Atmungskette der P/O-Quotient für die Oxydation von $NADH_2$ gleich 3 ist. Substrate, die erst nach der Pyridinnucleotiden in die Atmungskette einmünden (Succinat, Cytochrom c_{red} usw.), liefern niedrigere P/O-Quotienten. Der P/O-Quotient des *Succinats* bebeträgt 2, der des *Cytochrom* c_{red} 1. Es läßt sich an Hand des P/O-Quotienten die Einmündungsstelle eines unbekannten Substrates in die Atmungskette lokalisieren. Die drei Phosphorylierungsschritte (P_1, P_2, P_3) sind wie folgt verteilt.

P_1 zwischen $NADH_2$ und Flavoprotein
P_2 zwischen Cyt b und Cyt c
P_3 zwischen Cyt c und O_2.

Auf jedem dieser Niveaus entsteht ein Molekül ATP.

Die Oxydation des *α-Ketoglutarats* liefert einen P/O-Quotienten von 4. Es werden 3ATP im Rahmen der Atmungskettenphosphorylierung gebildet, das vierte ATP entsteht beim Übergang vom Succinyl-Coenzym A zum Succinat (s. Citrat-Cyclus S. 162).

In Mikroorganismen liegen die gemessenen *P/O-Quotienten* im allgemeinen um 1, d. h. es sind nur 1—2 Phosphorylierungsschritte vorhanden. Die oxydative Phosphorylierung in Bakterienmembranen ist unempfindlich gegenüber *Entkopplern.*

Entkopplung. Die oxydative Phosphorylierung ist eine labile Eigenschaft der Mitochondrien. Den Verlust der Kopplung zwischen Oxydation und Phosphorylierung, der durch die verschiedenartigsten Einflüsse hervorgerufen werden kann, bezeichnet man als Entkopplung. Im Zustand der Entkopplung läuft die Oxydation in größerem Ausmaß als vorher ab, jedoch kommt es zu keiner nennenswerten ATP-Synthese in der Atmungskette (P/O $\rightarrow$ Null).

Die Stabilität der oxydativen Phosphorylierung nimmt bei Mitochondrien verschiedener Herkunft in folgender Reihenfolge ab:

Herz → Leber → Tumor

Bei anaerob aufbewahrten Mitochondrien ist die oxydative Phosphorylierung stabiler als bei solchen, die bis zur Messung der oxydativen Phosphorylierung aerob gehalten wurden. Es wird angenommen, daß die oxydative Phosphorylierung stabil bleibt, wenn eine oder mehrere Komponenten der Atmungskette im reduzierten Zustand gehalten werden. Stabilisierend auf die oxydative Phosphorylierung wirken ATP, Äthylendiamintetraacetat und Substratzusatz.

Folgende entkoppelnde bzw. hemmende Agenzien und Einflüsse sind bedeutungsvoll: Herabgesetzte Tonizität des Mediums, Inkubation bei 37 °C für einige Minuten, Gefrieren und Auftauen (einige Ausnahmen sind bekannt), Ultraschall, UV-Bestrahlung, Röntgenstrahlen, Farbstoffe (*Methylenblau*, *Brillantkresylblau*), Phenole (u. a. *2,4-Dinitrophenol* (DNP), Pentachlorphenol), Metallionen (Cu^{++}, Cd^{++}, Ag^{+}, Ca^{++}), SH-Reagenzien (*Jodacetat*, *p-Chlormerkuribenzoat*), Narkotica (Äther, Amytal), *Antibiotica* (*Gramicidin*, Antimycin A, Oligomycin), Hormone (Thyroxin, Progesteron), Chlorpromazin, Dicumarol, Carcinogene, Detergentien, Gallensäuren, Lysolecithin, Fettsäuren, Arsenat. Die Entkopplung kann reversibel und irreversibel sein. In einigen Fällen läßt sich die Entkopplung durch Zusatz von ATP, Mg^{++} und Serumalbumin aufheben.

Man teilt die Inhibitoren der oxydativen Phosphorylierung wie folgt ein:

1. Echte Entkoppler: Sie blockieren die Phosphorylierung und steigern die Atmung oder lassen sie unbeeinflußt. Beispiele: DNP, Dicumarol, Gramicidin D, Nitrile, langkettige Fettsäuren, Arsenat.

2. Inhibitoren der oxydativen Phosphorylierung: Hemmung des phosphorylierenden Elektronentransportes,

d. h. Hemmung von Elektronentransport und Phosphorylierung, keine Hemmung des nicht phosphorylierenden Elektronentransportes. Beispiele: Oligomycin, Guanidin, Natriumazid, Kaliumatractylat.

3. *Inhibitoren des Elektronentransportes*: Vorwiegend Hemmung des Elektronentransportes, jedoch auch Hemmung der Phosphorylierung. Beispiel: Cyanid, Antimycin A, Amytal, BAL.

Zahlreiche Entkoppler rufen in geeigneten Konzentrationen einen Anstieg der Atmung hervor, indem wahrscheinlich der Phosphatübertragungsmechanismus als möglicher begrenzender Schritt der normalen Atmung ausgeschaltet wird.

Man unterscheidet folgende Arten der Kopplung:

1. *Sogenannte feste Kopplung* („tightly coupled mitochondria"): Niedrige Atmung in Abwesenheit von Ⓟ und ADP. Unabhängigkeit der Atmung von der Art des zur Verfügung stehenden Substrates (endogenes oder exogenes Substrat). *Hohe P/O-Quotienten.*

2. *Sogenannte lose oder lockere Kopplung* („loosely coupled mitochondria"): Hohe Atmung ohne Zusatz von Ⓟ und ADP. Eine lose Kopplung weisen Mitochondrien aus thyreotoxischer Leber, aus dem Flugmuskel der Hausfliege sowie submitochondriale Systeme auf. Sowohl niedrige als auch hohe P/O-Quotienten.

3. *Entkopplung*: Atmung nahezu unabhängig von der Konzentration des Ⓟ und ADP.

Die Festigkeit der Kopplung wird zahlenmäßig durch den *Atmungskontrollquotienten* („acceptor control ratio") ausgedrückt, der folgendermaßen definiert ist:

$$\text{Atmungskontrollquotient} = \frac{\text{Größe der Atmung nach Zugabe von ADP}}{\text{Größe der Atmung nach Verbrauch des zugefügten ADP}}$$

Ist der Quotient 3 oder > 3, so liegt eine feste Kopplung, ist er 1 oder < 1, so liegt eine lose Kopplung vor.

Kennzeichen funktionell intakter Mitochondrien sind:

a) hohe P/O-Quotienten,

b) hoher Grad von *Atmungskontrolle*, d. h. die Atmung verlangsamt sich wesentlich nach Erschöpfung des Phosphatacceptors. (Die Atmungskontrolle ist gleichbedeutend mit einer festen Kopplung, die wiederum nur vorhanden sein kann bei niedriger ATPase-Aktivität.)

c) Oxydation von Produkten des Citrat-Cyclus ohne Zusatz von Coenzymen.

Unter dem Begriff *Atmungskontrolle* versteht man folgende Tatsache: Mitochondrien atmen ohne Ⓟ- und ADP-Zusatz nur gering (Basisatmung oder Atmung unter endogenen Bedingungen). Zugabe von ADP steigert die Atmung solange, bis sämtliches ADP zu ATP phosphoryliert ist (s. Abb. 25). Die Atmung läuft nun wieder mit gleicher Geschwindigkeit wie vorher ab. Mit der

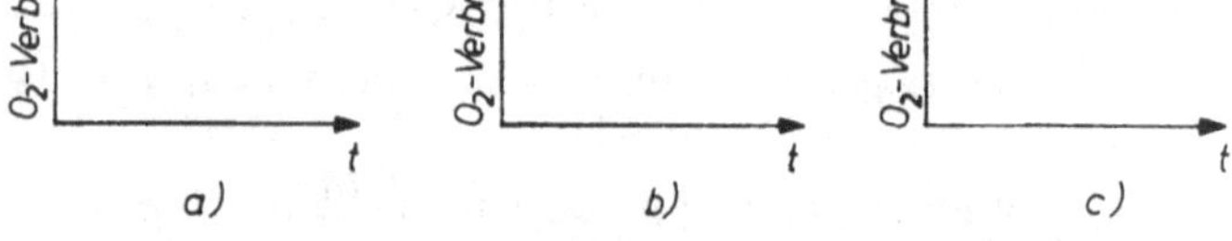

Abb. 25: Beeinflussung der Atmung durch ADP an intakten (a), geschädigten (b) und entkoppelten (c) Mitochondrien

Atmungssteigerung durch Ⓟ und ADP ändert sich natürlich der Redoxzustand der Komponenten der Atmungskette.

An Digitoninfragmenten aus Membranen von Rattenlebermitochondrien, die zwar noch oxydieren und phosphorylieren, jedoch nicht mehr den Citrat-Cyclus katalysieren, aber auch an intakten Mitochondrien wurden sogenannte Teilreaktionen der oxydativen Phosphorylierung untersucht. Einzeln verlaufen sie alle mit größerer Geschwindigkeit als die oxydative Phosphorylierung. Man unterscheidet folgende Teilreaktionen, die alle durch Entkoppler gehemmt werden:

1. ^{32}P-ATP-Austausch: Der ^{32}P-ATP-Austausch besteht in einem Einbau von ^{32}P in die terminale Phosphatgruppe des ATP. Er entspricht den Reaktionen 2 und 3 der LEHNINGERschen Reaktionsfolge (s. S. 139). Der ^{32}P-ATP-Austausch läuft mit Maximalgeschwindigkeit ab, wenn die Carrier der Atmung völlig oxydiert sind. Die Reaktionsgeschwindigkeit ist ADP-, ATP- und Ⓟ-abhängig. Die Geschwindigkeit dieser Teilreaktion ist in submitochondrialen Systemen kleiner als in intakten Mitochondrien.

2. ATP-ADP-Austausch: Dieser Austausch ist identisch mit der Reaktion 3 (s. S. 139). Der ATP-ADP-Austausch ist Ⓟ-unabhängig. Die Reaktion wird durch ein Protein katalysiert, das 150fach gereinigt werden konnte, sehr stabil ist, ein niedriges MG besitzt und Mg^{++} oder Mn^{++} als Cofaktor benötigt. Der ATP-ADP-Austausch wird auch durch andere Enzyme (Adenylatkinase) bewirkt.

3. H_2O^{18}-P-Austausch: $H_2O^{18} + PO_4H_2^- \rightleftharpoons PO^{18}O_3H_2^- + H_2O$.

4. H_2O^{18}-ATP-Austausch: H_2O^{18} + A—R—Ⓟ—Ⓟ —PO_3H_2 ⇌ A—R—Ⓟ—Ⓟ—$PO^{18}O_2H_2$ + H_2O.

5. ATPase (s. S. 141).

Nach LEHNINGER ist die Energieproduktion in den Mitochondrien 3fach gekoppelt: a) mit der ATP-Bildung, b) mit der Leistung osmotischer Arbeit, c) mit der Leistung mechanischer Arbeit.

3.5.2. Reduktionsgrad der Komponenten der Atmungskette

Der Reduktionsgrad der Komponenten der Atmungskette, d. h. das Verhältnis

$$\frac{\text{reduzierte Form}}{\text{red.} + \text{oxyd. Form}}$$

ist von drei veränderlichen Größen abhängig.

1. der Substratkonzentration,
2. der Anlieferung von Sauerstoff und
3. der Kopplung der Oxydation („Energieproduktion“) mit der Phosphorylierung („Energiekonservierung“).

Entsprechend den Änderungen dieser drei Größen unterscheidet Chance fünf verschiedene Stadien der Zellatmung (Tab. 10).

Tabelle 10:
Stadieneinteilung der Zellatmung nach Chance

Stadium	Sauerstoff	Substrat	P + ADP	Atmung	Bezeichnung
1	Überschuß	endogen	endogen	niedrig	
2	Überschuß	fast 0	Überschuß	sehr niedrig	Zustand der Verarmung (an Substrat)
3	Überschuß	Überschuß	Überschuß	hoch	aktiver oder unkontrollierter Zustand
4	Überschuß	Überschuß	0	niedrig	inaktiver oder Ruhezustand, Zustand d. Atmungskontrolle
5	0	Überschuß	Überschuß	0	anaerober Zustand

Der Reduktionsgrad der Partner der Atmungskette richtet sich nach dem vorliegenden Zustand (Tab. 11).

Tabelle 11:
Reduktionsgrad der Komponenten der Atmungskette (in Anlehnung an CHANCE)

Stadium	% reduzierte Form					
	Pyridin-nucleotide	Flavo-proteide	Cytochrome b	c	a	Cytochrom-oxydase
2	0	0	0	0	0	0
3	53	20	16	6	< 4	0
4	> 99	40	36	14	0	0
5	100	100	100	100	100	100

Aus der Darstellung geht hervor, daß der Reduktionsgrad im inaktiven oder Ruhezustand (Stadium 4) kontinuierlich vom NAD^+ zum Cytochrom a abfällt. Beim Übergang in den aktiven Zustand (Stadium 3), z. B. bei schrittweiser Zugabe begrenzender Mengen von ADP erhöht sich die Atmung und es vermindert sich der Reduktionsgrad aller Partner der Atmungskette mit Ausnahme von Cytochrom a, bei dem sich der Reduktionsgrad gegenüber Stadium 4 erhöht. Trägt man die Reduktionsgrade

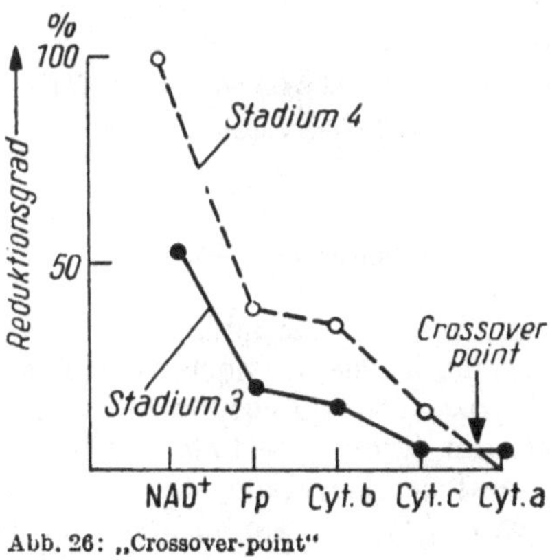

Abb. 26: „Crossover-point"

in diesen beiden Stadien in ein Koordinatensystem ein, so entsteht ein Schnittpunkt, der zwischen Cytochrom c und Cytochrom a liegt (Cross-over-point, Abb. 26). Dieser Punkt repräsentiert einen begrenzenden Schritt in der Atmungskette. Er verschwindet bei Zugabe von weiterem ADP. Man kann bei unterschiedlichen ADP-Konzentrationen drei solcher „Cross-over-points" nachweisen. Es liegt nahe, sie mit den Orten der Atmungskettenphosphorylierung in Beziehung zu setzen. Sie stimmen mit den aus anderen Versuchen ermittelten Orten überein.

Übersicht über die Lokalisation der Phosphorylierungsschritte und ihre Hemmbarkeit

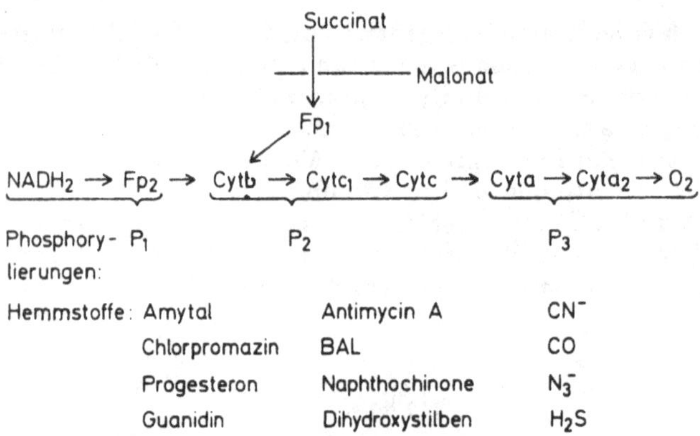

3.5.3. Mechanismus der oxydativen Phosphorylierung

Der Feinmechanismus der Kopplung von Oxydation und Phosphorylierung ist heute noch Gegenstand von Diskussionen. Die oxydative Phosphorylierung ist ein komplexer Prozeß, der (grob unterteilt) aus a) dem chemischen Mechanismus der Energiegewinnung beim Elektronentransport bzw. bei der Reduktion von O_2 und

b) der Umwandlung eines Teils dieser Energie in chemische Energie besteht. Die Energietransformation läßt sich durch die Reaktion

$$ADP + P + 7800\ cal \rightleftharpoons ATP$$

ausdrücken. Die Theorien der Atmungskettenphosphorylierung teilt man in chemische und die chemisch-osmotische Theorien ein.

3.5.3.1. Chemische Theorien der oxydativen Phosphorylierung

Nach LEHNINGER ist die Reaktionsfolge wie folgt zu formulieren:

$$Carrier_{red} + X \xrightarrow{-2e} Carrier_{ox} \sim X \quad (1)$$

$$Carrier_{ox} \sim X + Ⓟ \rightleftharpoons Carrier_{ox} + Ⓟ \sim X \quad (2)$$

$$Ⓟ \sim X + ADP \rightleftharpoons X + ATP \quad (3)$$

$$Carrier_{ox} \sim X \xrightarrow{DNP} Carrier_{ox} + X \quad (4)$$

Ein sogenannter reduzierter *Carrier* (Komponente der Atmungskette) bildet mit einem Stoff X unbekannter Konstitution unter Elektronenentzug eine energiereiche Intermediärverbindung ($Carrier_{ox} \sim X$). Diese Intermediärverbindung reagiert mit anorganischem Phosphat (Ⓟ), wobei sich der oxydierte Carrier zurückbildet und eine energiereiche Phosphatverbindung (P ∼ X) entsteht. Von dieser erfolgt die Übertragung des Phosphatrestes auf ADP. Dadurch wird der Stoff X regeneriert. Der Kreis wäre geschlossen, wenn der oxydierte Carrier wieder reduziert werden würde:

$$Carrier_{ox} \xrightarrow{+2e} Carrier_{red} \quad (5)$$

Reaktionsgleichung 4 entspricht der Hypothese, nach der Entkoppler (hier allgemein als DNP = 2,4-Dinitrophenol dargestellt) die nichtphosphorylierte energiereiche Intermediärverbindung spalten.

Als Carrier im Sinne dieser Theorie kommen in Betracht:

NAD, Cytochrom b und Cytochrom a.

Damit wird verständlich, daß die Hintereinanderschaltung von mehreren Redoxsystemen in der Atmungskette biologisch höchst sinnvoll ist. Es wird die Energie der Knallgasreaktion in einzelne „Energiepakete“ aufgeteilt, von denen drei dem ATP energetisch nahezu äquivalent sind. Das Elektronentransport- plus Atmungskettenphosphorylierungssystem ist eine funktionelle Einheit, die ihrer biologischen Funktion, der schrittweisen Entbindung von Energie und ihre Konservierung in Form von chemischer Energie, optimal angepaßt ist.

Es liegt auf der Hand, daß man nach mitochondrialen Substanzen suchte, die als *Verbindungsglieder* zwischen Elektronentransport und ATP-Synthese fungieren könnten. Tatsächlich konnten aus fragmentierten Mitochondrien Kopplungsfaktoren gewonnen werden, die in der Lage waren, in submitochondrialen Partikeln von Herzmitochondrien, die nur noch Elektronentransport zeigten, jedoch keinerlei ATP-Synthese aufwiesen, die Fähigkeit der Atmungskettenphosphorylierung zu restituieren. Bei der Fragmentierung der Mitochondrien gehen diese Verbindungsglieder offensichtlich verloren, ihre Zugabe gibt diesen Partikeln die Fähigkeit der ATP-Synthese zurück. Ein solcher Faktor ist ein Protein mit einem Molekulargewicht von 300000, das eine ATPase enthält. Es wird bei niedriger Temperatur inaktiviert (RACKER).

Es sind sogar *Kopplungsfaktoren* isoliert worden, die für die drei Phosphorylierungsschritte P_1, P_2 und P_3 jeweils spezifisch zu sein scheinen (GREEN). Diese Kopplungsfaktoren sind energiereiche Zwischenverbindungen der Atmungskettenphosphorylierung. Man kann sie als

ATP-Synthetasen auffassen. Ihrem Wirkort entsprechend unterscheidet man Synthetase I, II und III.

Vielleicht wirken sie nach folgendem Schema

$$\text{ETK} + \text{Synthetase} \rightleftharpoons \text{ETK} \sim \text{Synthetase}$$

$$\text{ETK} \sim \text{Synthetase} + Ⓟ \rightleftharpoons \text{ETK} + \text{Synthetase} \sim Ⓟ$$

$$\text{Synthetase} \sim Ⓟ + \text{ADP} \rightleftharpoons \text{Synthetase} + \text{ATP}$$

(ETK = Elektronentransportkomponente, z. B. NAD (I), Cytochrom b (II) und Cytochrom c (III).

3.5.3.2. Chemiosmotische Theorie der oxydativen Phosphorylierung

Grundlage der chemiosmotischen Theorie (MITCHELL) ist die Annahme, daß die oxydative Phosphorylierung auf vektorielle Transportmechanismen durch die Mitochondrienmembran zurückzuführen ist und weniger auf die Wirkung eines skalaren Multienzymsystems ohne Struktur- oder Richtungspolarisation.

Die MITCHELL-Hypothese hat folgende Punkte zur Grundlage.

1. Die Lipid-Doppelschicht der Mitochondrienmembran ist der Ort, in dem sich die ATP-Synthese vollzieht.

2. Die Mitochondrienmembran ist impermeabel für H^+ und OH^-.

3. In der lipidreichen Mitochondrienmembran ist die thermodynamische Aktivität des Wassers sehr gering, was eine unerwünschte ATP-Hydrolyse verhindert.

4. Die in der Membran lokalisierte ATPase ist vektoriell angeordnet, von der einen Seite ist sie für H^+- (innen), von der anderen für OH^--Ionen, außerdem für ATP, ADP und Ⓟ (außen) zugänglich.

Die ATPase reagiert nach folgendem Mechanismus:

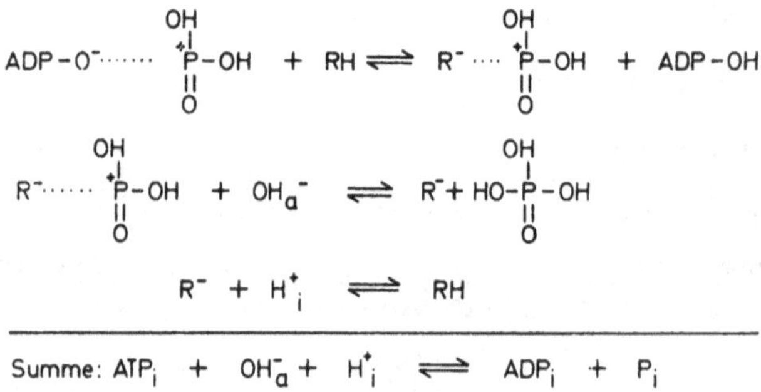

Mechanismus der Mitochondrien-ATPase und ihre Polarisierung in der Membran (a = außen, i = innen, ATP wird in dieser Darstellung als Phosphoryliumverbindung aufgefaßt).

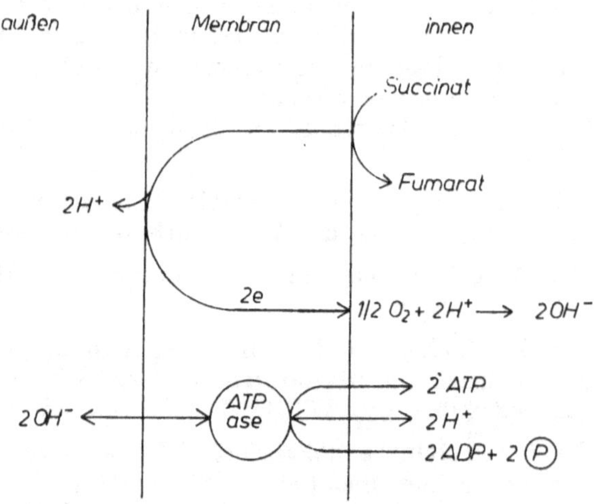

Abb. 27: Die chemiosmotische Theorie der ATP-Synthese mit Succinat als Elektronendonator

Die ATP-Synthese stellt die Umkehrung dieses Vorganges dar.

Beim Elektronentransport werden H^+ und OH^- durch die Mitochondrienmembran getrennt (Abb. 27). H^+ werden durch die spezifische Orientierung der aktiven Zentren entsprechender Enzyme (Succinatdehydrogenasen bzw. Coenzym Q in seiner reduzierten Form) nach außen abgegeben. Durch eine vektorielle Orientierung der Cytochromoxydase wird reduzierter Sauerstoff (O^{--}) nach innen abgegeben, der unter Verbrauch von H^+-Ionen OH^- bildet und auf diese Weise zu einer Senkung der H^+ innen führt.

Infolge der vektoriellen Anordnung der Membran-ATPase (s. Punkt 4) vermag dieses Enzym ATP nach obigem Schema zu synthetisieren, da im Zustand aktiver Atmung die H^+-Konzentration innen niedrig und die OH^--Konzentration außen niedrig ist. Damit sind die Bedingungen für eine Rückläufigkeit der ATP-Hydrolyse gegeben.

Der Motor für die ATPase-Synthese ist nach der chemiosmotischen Theorie der Elektronentransport.

Die entkoppelnde Wirkung von Dinitrophenol kommt nach MITCHELL durch Erhöhung der Membranpermeabilität für H^+ und OH^- zustande, indem DNP als lipidlöslicher Protonenleiter wirkt und so den Ionengradienten zerstört. MITCHELL konnte nachweisen, daß DNP, Arsenat und Dicumarol die H^+-Aufnahme durch intakte Mitochondrien fördern. Ein weiteres Charakteristikum dieser Hypothese ist, daß sie eine befriedigende Erklärung für die Größe der P/O-Quotienten gibt. Die chemiosmotische Hypothese ist in ihrem Anwendungsbereich nicht auf die oxydative Phosphorylierung beschränkt. Sie vermag auch als Grundlage des Verständnisses der Photophosphorylierung in Chloroplasten zu dienen (s. Teil III).

3.5.4. Umkehr der Atmungskette bzw. der oxydativen Phosphorylierung

Die Reduktion des mitochondrialen NAD^+ in Gegenwart von nicht NAD^+-spezifischen Substraten (Glycerin-1-phosphat, Succinat) ist eine allgemeine Eigenschaft intakter Mitochondrien. Dieser Effekt, von CHANCE und HOLLUNGER (1955) an Nierenmitochondrien unter anaeroben und von KLINGENBERG an Flugmuskelmitochondrien unter aeroben Bedingungen beobachtet, stellt eine Umkehr der oxydativen Phosphorylierung bzw. der Atmungskette dar. Die Reduktion des NAD^+ durch Succinat oder Glycerin-1-phosphat (als Reduktionsmittel) erfordert freie Energie, die entweder energiereichen Intermediärprodukten der oxydativen Phosphorylierung oder dem intramitochondrialen ATP entnommen wird. Auch exogenes ATP kann von Lebermitochondrien für die Umkehr des Elektronentransportes benutzt werden. Die succinatinduzierte Reduktion der Pyridinnucleotide wird durch Entkoppler gehemmt. Die sogenannte Umkehr der oxydativen Phosphorylierung bzw. Atmungskette läßt neben den energetischen Erwägungen (Umkehr unter dem „Druck“ freier Energie) jedoch noch andere Erklärungsmöglichkeiten zu:

a) Der schnelle Elektronentransport vom Succinat über das Cytochromsystem hinweg blockiert die $NADH_2$-Oxydation. Succinat „monopolisiert“ gewissermaßen die Atmungskette (KREBS und BARTLEY).

b) Die Energie der Succinatoxydation führt zu einer Aktivierung endogener Substrate (z. B. Fettsäuren), die NAD^+ reduzieren (SLATER).

Im Zusammenhang mit der Umkehr der Atmungskette sei auch die succinatbedingte Acetoacetat-Reduktion erwähnt.

3.6. Weitere Enzyme der biologischen Oxydation

3.6.1. Katalase und Peroxydasen (Hydroperoxydasen)

Die *Katalase* ist ein Hämin-Enzym (4 Hämingruppen pro Molekül Enzym), das in fast allen tierischen Geweben, besonders in der Leber, Niere und Erythrozyten, aber auch in höheren Pflanzen vorkommt und folgende Reaktion katalysiert:

$$2\,H_2O_2 \rightarrow 2\,H_2O + O_2$$

Ihre Funktion besteht in einer Entfernung des Wasserstoffperoxyds, das ein sehr starkes Zellgift ist.

Bei den Mikroorganismen produzieren fast sämtliche Aerobier Katalase, die Anaerobier dagegen kaum oder überhaupt nicht. Das Molekulargewicht der Katalase ist 240000–250000, der Eisengehalt 0,09% des MG (4 Atome Fe^{3+}/Molekül Enzym). Die Wechselzahl der aus Pferdeleber isolierten Katalase beträgt 5×10^6 für 0 °C und pH = 6,8. Der K_M-Wert für H_2O_2 ist 6×10^{-7} m. Das Eisen der Katalase liegt als Fe^{3+} vor. Während der Reaktion ist bisher kein Valenzwechsel (vielleicht infolge Kurzlebigkeit der Intermediärprodukte, s. Mechanismus) beobachtet worden. Die Wirkung der Katalase ist eine *zweifache*:

a) Bei *hoher* H_2O_2-Konzentration wirkt die Katalase entsprechend der oben angegebenen Reaktion.

b) Ist die H_2O_2-Konzentration *gering*, so übt die Katalase eine Peroxydasewirkung aus (s. S. 146). Unter physiologischen Bedingungen (Überschuß an oxydierbarem Substrat, geringe H_2O_2-Konzentration) wirkt die Katalase fast ausschließlich als Peroxydase. So spielt die Katalase z. B. bei der Oxydation von C_1-Körpern mit Hilfe von H_2O_2 und in Erythrozyten zur Stabilisierung des Hämoglobins und Glutathions eine Rolle.

Die katalatische Spaltung des H_2O_2 ist eine Reaktion 1. Ordnung, so daß für die Geschwindigkeitskonstante dieser Reaktion die Beziehung

$$K = \frac{1}{t} \cdot \lg \frac{c_0}{c_t}$$

gilt. Als Einheit der Katalasewirkung hat man die *Katalasefähigkeit* = *Kat. f.* gewählt und versteht darunter:

$$\text{Kat. f.} = \frac{K}{\text{g} \cdot \text{Enzym}}$$

Die Spaltung des H_2O_2 durch die Katalase ist nur im Anfang eine Reaktion 1. Ordnung. Mit zunehmender Zeit nimmt die Reaktionsgeschwindigkeit schnell ab, da das Enzymeiweiß durch das Substrat (H_2O_2) denaturiert wird.

Die Katalase ist u. a. hemmbar durch Sulfid, Cyanid, Azid, Fluorid. Von der echten Katalasewirkung unterscheidet man eine pseudokatalatische Wirkung, die man Hämoglobin, Myoglobin und einigen ihrer Abbauprodukte zuordnet.

Die einzelnen *Peroxydasen* unterscheiden sich durch Vorkommen, prosthetische Gruppe und Spezifität gegenüber dem Substrat. Pflanzliche Peroxydasen enthalten als prosthetische Gruppe Protohämin (Fe^{3+}-Protoporphyrin = rotes Hämin), tierische Peroxydasen (Verdoperoxydasen) dagegen ein grünes Hämin unbekannter Struktur. Eine der bekanntesten Peroxydasen ist die Meerrettichperoxydase, an der durch WILLSTÄTTER erstmals die Reinigung eines Enzyms durchgeführt wurde. Die Kristallisation der Meerrettichperoxydase erfolgte durch THEORELL. Mit Hilfe von Aceton-Salzsäure war es möglich, die prosthetische Gruppe vom Enzymeiweiß abzutrennen, ohne jedoch das Protein zu denaturieren. Auf diese Weise gelang es, das Enzymprotein mit anderen ähnlich gebauten prosthetischen Gruppen zu rekombinieren und künstliche Peroxydasen zu erzeugen. Als weitere Peroxydasen sind die Cytochrom c-Peroxydase aus Hefe, die Lactoperoxydase aus Milch und die Verdoperoxydase aus Leukocyten zu nennen. Neben der echten Peroxydase kennt man analog der Katalase Pseudoperoxydasen (Hämoglobin, Myoglobin und deren Abbauprodukte), die thermostabil sind. Inhibitoren der Peroxydase sind: Cyanid, Sulfid, Fluorid, Azid u. a.

Die Peroxydasen katalysieren die Oxydation eines Substrates mit Hilfe von H_2O_2:

$$AH_2 + H_2O_2 \rightarrow A + 2\,H_2O$$

Nach den Arbeiten von THEORELL und CHANCE ist der Reaktionsmechanismus bei Katalase und Peroxydasen streckenweise gleich:

Zunächst lagert sich ein Molekül H_2O_2 an das Enzym an:

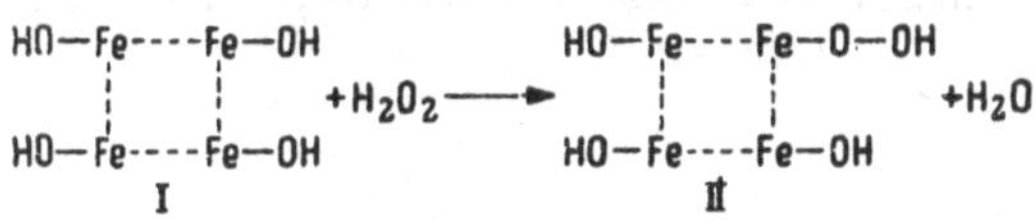

(1)

Reagiert der Komplex II nun mit einem oxydierbaren Substrat (AH_2), so entstehen:

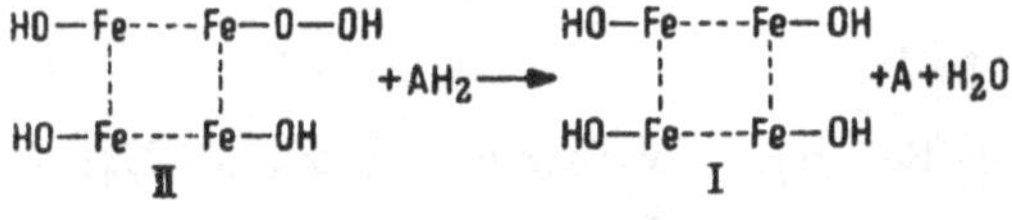

(2)

Reaktionsmechanismus der Peroxydase [(*1*) + (*2*)]

Nimmt an Stelle des oxydierbaren Substrates ein weiteres Molekül H_2O_2 an der Reaktion teil, so verläuft der

Prozeß wie folgt:

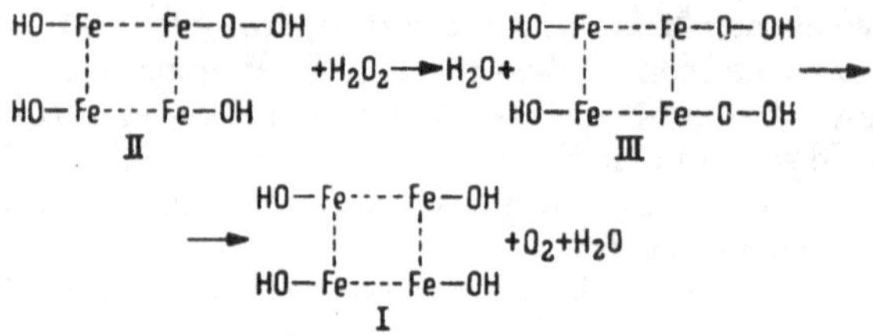

(3)

Reaktionsmechanismus der Katalase [(1) + (3)]

Katalase- und Peroxydasereaktion unterscheiden sich also durch die Art des *Acceptormoleküls*, das mit dem Komplex II reagiert. Der Reaktionsmechanismus ermöglicht das Verständnis der Tatsache, daß Katalase bei hoher H_2O_2-Konzentration als Katalase, bei geringer H_2O_2-Konzentration und Vorhandensein eines oxydierbaren Substrates als Peroxydase wirkt.

3.6.2. Oxygenasen

Unter Oxygenasen versteht man Enzyme, die molekularen Sauerstoff aktivieren und diesen in verschiedenartigen Substraten fixieren. Man kann zwei verschiedene Reaktionstypen unterscheiden:

1. $S + O_2 \rightarrow SO_2$

2. $S + O_2 + R-H_2 \rightarrow$ oxydiertes Substrat $+ H_2O + R$
   (S: Substrat, $R-H_2$: Wasserstoffdonator)

Unter „Dioxygenasen“ werden Enzyme verstanden, die beide Atome des Sauerstoffs in das Substrat einführen (Reaktion 1).

Nach Gleichung 2 wird hingegen ein Atom des Sauerstoffmoleküls auf das Substratmolekül übertragen, das andere zur Bildung von Wasser verbraucht („*Monooxygenasen*"). Der Wasserstoff des Wassers stammt von einem Wasserstoffdonator. Der zweite Typ von Enzymen wird auch „*Hydroxylasen*" bezeichnet. Als Beispiele für Dioxygenasen seien die Pyrocatechase als phenolytische Oxygenase (Cofaktor ist anorganisches Fe^{++}) und L-Tryptophan-Oxygenase (Cofaktor Häm) genannt.

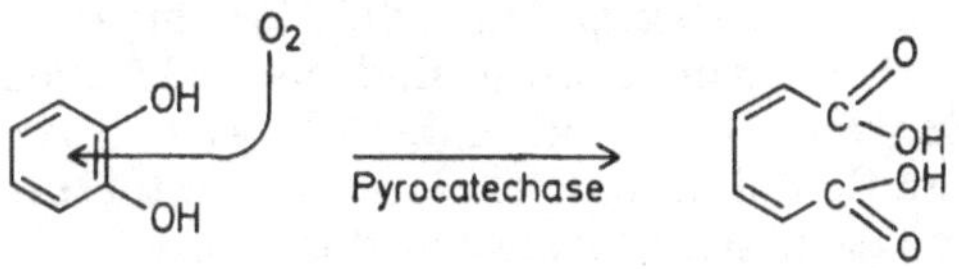

Catechin Muconsäure

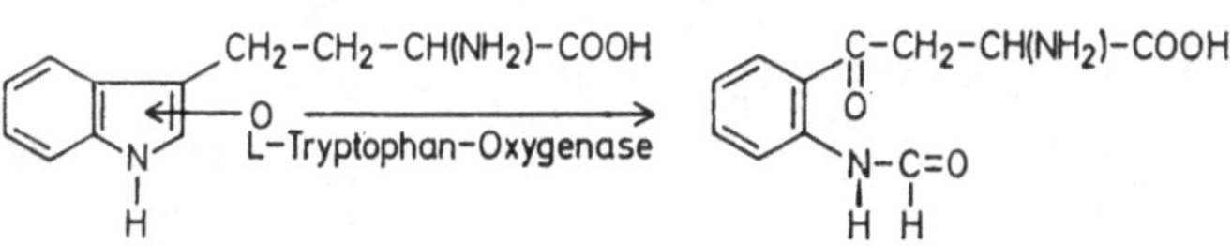

L-Tryptophan L-Formylkynurenin

$NADPH_2$ ist der bevorzugte Wasserstoffdonator für die Monooxygenasen. Andere Wasserstoffdonatoren sind $NADH_2$, Ascorbinsäure, $FADH_2$, $FMNH_2$. Als Beispiel sei die Phenylalanin-4-Monooxygenase (Phenylalaninhydroxylase) genannt:

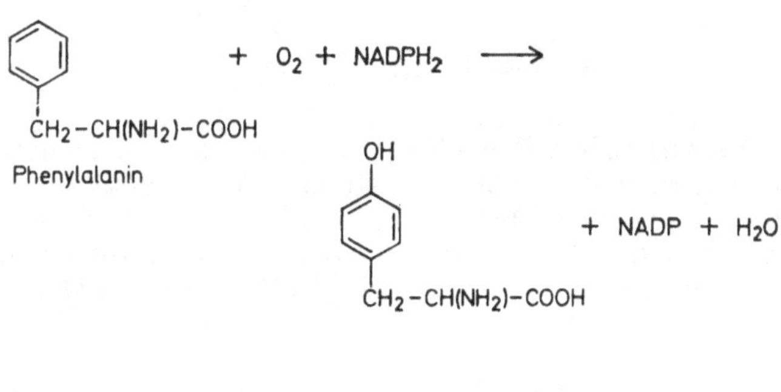

Die Oxygenasen haben eine große Bedeutung im Stoffwechsel von aromatischen Verbindungen (Aminosäuren, Hormone) sowie für die Umwandlung von Arzneimitteln und anderen von außen zugeführten Stoffen im Verlauf des Stoffwechsels.

3.6.3. Kupferhaltige Oxydasen

Zu ihnen gehören die *Laccase* und die *Ascorbinsäureoxydase.* Ihrem Mechanismus nach sind sie elektronenübertragende Enzyme. Die Reaktion besteht a) aus Oxydation von Cu^+ zu Cu^{++} durch molekularen Sauerstoff und b) aus der Oxydation des Substrates durch Cu^{++}. Das Kupfer ist an das Enzym direkt gebunden. Das Reduktionsprodukt des Sauerstoffs ist Wasser

a) $4\,H^+ + 4\,Cu^+ + O_2 \rightarrow 4\,Cu^{++} + 2\,H_2O$

b) $4\,Cu^{++} + 2\,SH_2 \rightarrow 2\,S + 4\,H^+ + 4\,Cu^+$

Die Laccase katalysiert die aerobe Oxydation von Hydrochinonen zu p-Chinon. Sie enthält 4 Atome Kupfer pro Mol Enzymprotein (120000 Dalton).

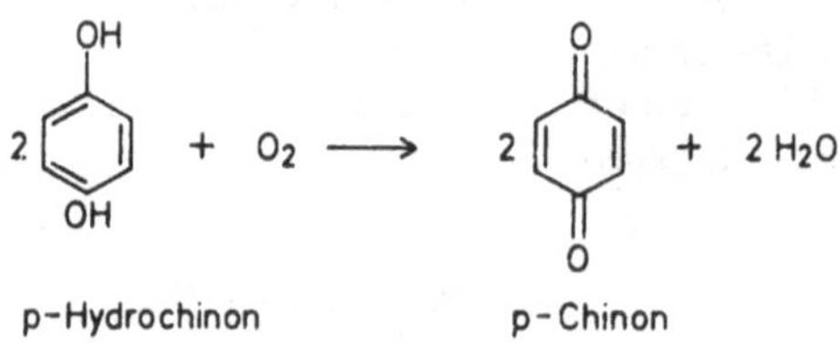

Es gibt andere Phenoloxydasen, die Mono- und Diphenole oxydieren. Die Ascorbinsäureoxydase kommt in zahlreichen höheren Pflanzen vor. Auf Grund der geringen Affinität der Ascorbinsäureoxydase zu Sauerstoff wurde vermutet, daß Nebenwege der biologischen Oxydation, die über das System Ascorbinsäure/Dehydroascorbinsäure laufen, von untergeordneter Bedeutung sind. Dem steht jedoch die Beobachtung gegenüber, daß Ascorbinsäure und Glutathion in keimenden Erbsen 25% der Atmung übernehmen können. Folgende Reaktionen sollen dabei ablaufen:

$$\text{Substrat-}H_2 + NADP^+ \xrightleftharpoons{\text{Dehydrogenase}} \text{Substrat} + NADPH + H^+$$

$$NADPH + H^+ + GSSG \xrightleftharpoons{\text{Glutathionreduktase}} NADP^+ + 2\,GSH$$

$$2\,GSH + \text{Dehydroascorbinsäure} \xrightleftharpoons{\text{Dehydroascorbinsäurereduktase}} GSSG + \text{Ascorbinsäure}$$

$$\text{Ascorbinsäure} + \tfrac{1}{2}\,O_2 \xrightleftharpoons{\text{Ascorbinsäureoxydase}} \text{Dehydroascorbinsäure} + H_2O$$

Inhibitoren der Ascorbinsäureoxydase sind: Sulfid, Cyanid u. a.

3.7. Biologische Lumineszenz

Biolumineszenz, d. h. Lichtaussendung durch Lebewesen, ist weit verbreitet, sie kommt bei Tieren (Glühwürmchen, Würmer, Krebse, Fische u. a.), Pflanzen (saprophytische Pilze) und bei Bakterien vor. Diese Form der Lichtproduktion ist auf besondere Stoffwechselprozesse zurückzuführen, die darin bestehen, daß ein reduziertes Substrat (*Luciferin*) enzymatisch durch molekularen Sauerstoff oxydiert wird. Auf einfache Weise kann dies so wiedergegeben werden:

$$\text{Luciferin} + O_2 \rightarrow \text{Licht}.$$

Es wird ein besonders *angeregter Zustand* des *oxydierten Luciferin* erreicht, der unter Lichtaussendung in den Grundzustand zurückkehrt. Diese Reaktion wird einer Reihe von Organismen durch ein Enzym, die *Luciferase*, katalysiert.

Tabelle 12:

Biolumineszenz (nach McElroy)

Organismus	System	Emissions-maximum nm
Bakterien	$FMNH_2 + RC\langle{}^{O}_{H} + O_2 + E$	495
Glühwürmchen	$LH_2 + ATP + Mg^{++} + O_2 + E$	562
Protozoen	$LH_2 + E + O_2$	470
Pilze	$NADH_2 + X + O_2 + E$	530

LH_2 bedeutet Luciferin als oxydierbares Substrat
E: Luciferase

In den verschiedenen lumineszierenden Organismen gibt es *unterschiedliche Luciferin-Luciferase-Systeme* (Tab. 12). Bedeutungsvoll ist, daß die Lichtaussendung ein aerober Prozeß ist, der auch bei niedrigen Sauerstoffpartialdrucken abläuft. Ausnahmen sind lediglich einige Ctenophoren und Radiolarien, die für ihre Lumineszenz keinen Sauerstoff benötigen.

Besonders intensiv wurden die Mechanismen der Lichtaussendung der Glühwürmchen und leuchtenden Bakterien untersucht.

Aus Glühwürmchen wurde die Luciferase in kristallisiertem Zustand erhalten. Auch Luciferin konnte dargestellt werden. Luciferin ist eine Verbindung von 2-Cyano-6-hydroxybenzthiazol und Cystein. Die aktive

Form des Luciferin ist D(-)-Luciferin, die D(-)-Cystein enthält.

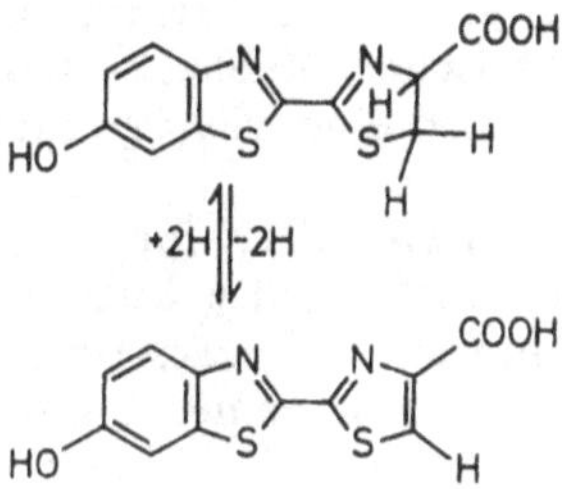

D(-)-Luciferin

Dehydroluciferin

Eine *Lichtemission* tritt ein, wenn zu einem Luciferin-Luciferase-Gemisch ATP und Mg^{++} hinzugegeben werden. Es kommt hierbei zu folgendem Reaktionsablauf:

$$E + LH_2 + ATP \underset{}{\overset{Mg^{++}}{\rightleftharpoons}} E \cdot LH_2 \cdot AMP + PP$$

„aktiviertes" Luciferin

$$E \cdot LH_2 \cdot AMP + O_2 \rightarrow E \cdot L_{ox} \cdot AMP + H_2O$$

„aktiviertes" Luciferin „angeregter Zustand

$$\downarrow$$

$$E \cdot L_{ox} AMP + \text{Licht}$$

Die Zwischenverbindung stellt enzymgebundenes Luciferyl-Adenylat dar. CoA vermag die Lichtemission zu steigern. Es ist in der Lage, eine Reaktionshemmung, die sich schon nach wenigen Sekunden bei alleiniger Anwesenheit der vier oben angeführten Reaktionspartner infolge Endproduktanhäufung einstellt, zu überwinden.

Der hemmende Komplex ist $E \cdot L_{ox} \cdot AMP$. Dieser wird durch CoA zersetzt:

$$E \cdot L_{ox} \cdot AMP + CoA \rightleftharpoons E + L_{ox} \cdot CoA + AMP$$

Die Dehydroluciferin-CoA-Verbindung vermag mit Cystein oder Glutathion weiter zu reagieren.

Für jedes verbrauchte Luciferin-Molekül wird ein Lichtquantum ausgesendet. Auf der hohen Spezifität dieses Systems für ATP sowie der leichten und hochempfindlichen photoelektrischen Meßbarkeit des ausgestrahlten Lichtes gründet sich eine wichtige Methode der ATP-Bestimmung.

Bei Bakterien sind reduziertes FMN für die Lichtemission sowie ein besonders „bakterielles Luciferin" nötig. Chemisch scheint dieses mit einem langkettigen Aldehyd, dem Palmital, der auch in Schweinenieren reichlich vorkommt, identisch zu sein. Sowohl der Aldehyd als auch $FMNH_2$ werden für den Prozeß der Lichtemission verbraucht.

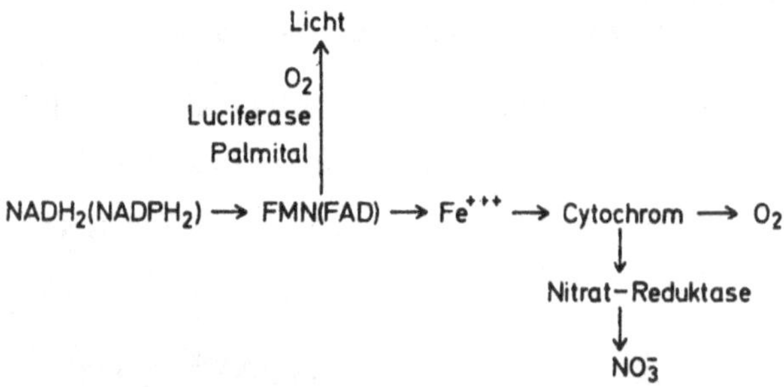

Zusammenhang bakterieller Lichtemission und Elektronen-Transport (nach McElroy)

Auch die bakterielle Lumineszenz ist ein aerober Vorgang, wie bereits Boyle im Jahre 1667 beobachtet hat. Die bakterielle Luciferase ist demnach eine besondere Flavinoxydase.

4. Citronensäurecyclus

Bisher wurde der Weg des *Wasserstoffes* betrachtet, der in den Mitochondrien durch die *Atmungskette* zum Wasser oxydiert wird. Dieser Wasserstoff stammt aus den verschiedenen Substraten des intermediären Stoffwechsels, welche durch die Dehydrogenasen oxydiert werden. Es ist nun die Frage aufzuwerfen, um welche Substrate es sich dabei handelt und wie sie im Zwischenstoffwechsel zusammenhängen. Die Beobachtungen, daß Bernsteinsäure, Fumarsäure, Citronensäure und andere die Atmung von Gewebshomogenaten katalytisch zu steigern vermögen, wenn Brenztraubensäure als oxydierbares Substrat hinzugegeben wird, führten zur *Theorie des Citronensäurecyclus* (KREBS 1937). Für die Entwicklung der Theorie des Citronensäurecyclus war weiterhin entscheidend, daß Malonsäure als kompetitiver Hemmstoff der Bernsteinsäuredehydrogenase die Brenztraubensäureoxydation hemmt und daß es dabei zu einer Anhäufung von Bernsteinsäure kommt. Fumarsäure ist dabei imstande, die Atmungshemmung durch Malonsäure aufzuheben. Bernsteinsäure häuft sich dabei weiterhin an, woraus der Schluß gezogen wurde, daß diese sich aus der Fumarsäure bilden kann. Die einfachste Erklärung dieser Tatsachen war, daß Folgeprodukte, die bei der Brenztraubensäureoxydation entstehen, in einem cyclischen Prozeß ständig wieder durchlaufen werden.

Die Theorie des Citronensäurecyclus war fruchtbar für die Untersuchung anderer Stoffwechselgeschehen, die im Laufe der Zeit zur Entdeckung mehrerer cyclischer Stoffwechselprozesse in der lebenden Zelle führte. Der Citronensäurecyclus läuft wie die Atmungskette und die oxydative Phosphorylierung in den Mitochondrien der Zellen ab.

Zum Ablauf des Citronensäurecyclus sind *Acetyl-CoA* und *Oxalessigsäure* nötig. Bevor auf die Einzelreaktionen des Citronensäurecyclus weiter eingegangen wird, sollen einige Möglichkeiten der enzymatischen Synthese von Acetyl-CoA besprochen werden.

4.1. Bildung von Acetyl-Coenzym A

Acetyl-Coenzym A (Acetyl-CoA, „aktive Essigsäure", $CH_3\overset{\overset{\displaystyle O}{\|}}{C}-S-CoA$), ist das Acetylderivat des Coenzym A. Coenzym A selbst ist eine nucleotidähnliche Substanz, die neben Adenosin drei Moleküle Phosphorsäure sowie Panthothensäure und Cysteamin enthält (Teil I, S. 152). Die SH-Gruppe des Cysteamins ist die funktionelle Gruppe dieses Coenzyms. Coenzym A ist ein acylgruppenübertragendes und -aktivierendes Coenzym. Es hat eine wichtige Funktion nicht nur im Stoffwechsel der Essigsäure, sondern eine allgemeine Bedeutung im Fettsäurestoffwechsel. Die Thiolesterbindung ist energiereich, ihre Hydrolyse geht mit einer Änderung der freien Enthalpie von −8200 cal einher. Acetyl-CoA ist eine wichtige Schlüsselsubstanz des intermediären Stoffwechsels. Es ist neben Oxalessigsäure Substrat für die Initialreaktion des Citronensäurecyclus, die Citronensäurebildung. Außerdem dient es der Fettsäuresynthese, der Synthese des Cholesterins, der Isoprene, der Acetessigsäure und anderer Verbindungen.

Gebildet wird Acetyl-CoA

a) aus Brenztraubensäure

b) durch Aktivierung der Essigsäure

c) durch β-Oxydation der Fettsäuren.

Brenztraubensäure geht mittels oxydativer Decarboxylierung in aktives Acetat über.

$$CH_3COCOOH + NAD^+ + CoA{-}SH \rightarrow$$
$$\rightarrow CH_3CO{-}S{-}CoA + NADH + H^+ + CO_2$$

Es ist gelungen, den Feinmechanismus dieser Reaktion und die an ihr beteiligten Coenzyme weitgehend aufzuklären. Daran sind neben NAD^+ und CoA, Thioctansäure, Thiaminpyrophosphat und FAD beteiligt. Der Prozeß der oxydativen Decarboxylierung von anderen α-Ketosäuren (z. B. α-Ketoglutarsäure) verläuft grundsätzlich gleichartig. Die Thioctansäure ist als Acetylüberträger und als Redox-Cofaktor an diesem Prozeß beteiligt. Die Acetyl-Thioctansäure-Verbindung ist energiereich; ihr Energieinhalt stammt aus der Oxydation des Acetaldehydes zum Acetylrest. Die Energie dieses Thiolesters wird auf das Acetyl-CoA übertragen. Die Oxydation der Thioctansäure erfolgt durch die Thioctansäure-Dehydrogenase.

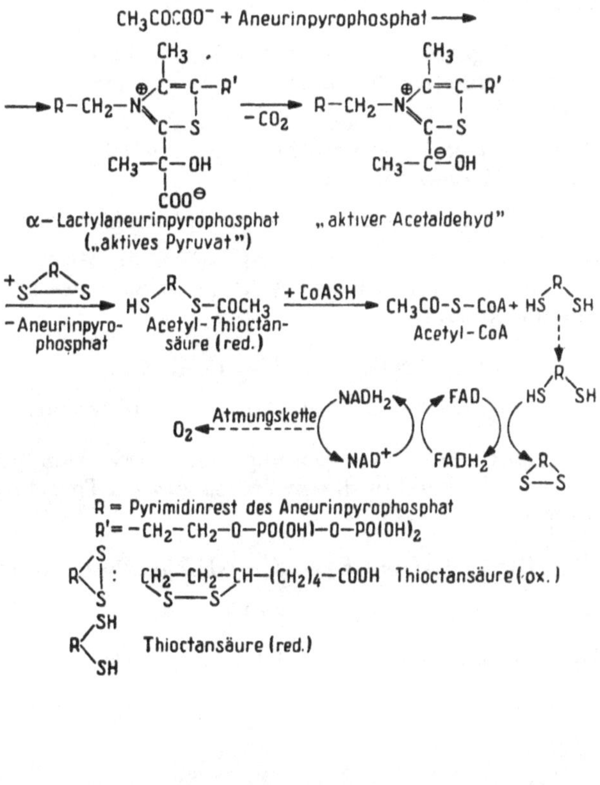

Ihr wahres Substrat ist die proteingebundene Thioctansäure. (Bindung der COOH-Gruppe der Thioctansäure an die ε-Amino-Gruppe von proteingebundenem Lysin.) Dieses FAD-spezifische Enzym ist identisch mit der STRAUBschen Diaphorase. Der Pyruvatdehydrogenase-Komplex ist ein Multienzymsystem, das in tierischen und pflanzlichen Zellen in den Mitochondrien vorkommt und bei den Bakterien eng mit deren Zellmembranen vergesellschaftet ist. Wie aus dem Feinmechanismus hervorgeht, besitzt es eine Vielzahl verschiedener Komponenten. Die Partikelgewichte dieses Komplexes aus Schweineherz betragen $10 \cdot 10^6$ und aus E. coli $4{,}8 \cdot 10^6$. Letzterer Komplex konnte in seine Bestandteile zerlegt werden:

a) 16 Moleküle Pyruvatdecarboxylase (Molgewicht 183000),

b) ein Aggregat (Molgewicht $1{,}6 \cdot 10^6$) bestehend aus 64 Untereinheiten Thioctansäure-Dehydrogenase und Transacetylase und

c) acht Moleküle Dihydrothioctansäure-Dehydrogenase mit einem Molgewicht von 112000.

Die Spaltung dieses Multienzymkomplexes ist reversibel.

Die *Aktivierung* von freier *Essigsäure* zu *Acetyl-CoA* erfolgt unter Verbrauch von ATP durch das „acetat-aktivierende Enzym".

$$CH_3COOH + ATP + CoASH \rightleftharpoons$$
$$\rightleftharpoons CH_3CO{-}S{-}CoA + AMP + \text{Pyrophosphat.}$$

Es gelang durch Verwendung von markierten Substraten und Produkten diesen Prozeß in zwei Teilschritte zu zerlegen:

$$ATP + CH_3COOH \rightleftharpoons \underset{\text{Acetyladenylat}}{CH_3{-}CO{-}AMP} + \text{Pyrophosphat}$$

$$CH_3CO{-}AMP + CoASH \rightleftharpoons CH_3CO{-}S{-}CoA + AMP$$

Der gleiche Mechanismus findet Verwendung bei der Aktivierung von Fettsäuren, der Aktivierung der α-Carboxylgruppe von Aminosäuren und einiger aromatischer Säuren.

In Mikroorganismen erfolgt die Aktivierung der Essigsäure auf andere Weise. Hier bildet sich Acetylphosphat als Zwischenprodukt, wobei ADP frei wird (Acetatkinase). Danach erfolgt eine Acetylgruppenübertragung auf das Coenzym A.

$$CH_3COOH + ATP \rightleftharpoons \underset{\text{Acetylphosphat}}{CH_3COOPO(OH)_2} + ADP$$

$$CH_3COOPO(OH)_2 + CoASH \rightleftharpoons CH_3CO{-}S{-}CoA + Ⓟ$$

In Clostridium kluyverii und E. coli wurde die Bildung von Acetyl-CoA auch aus Acetaldehyd beobachtet:

$$CH_3CHO + CoA{-}SH + NAD^+ \rightleftharpoons CH_3CO{-}S{-}CoA + NADH + H^+$$

4.2. Die Reaktionsfolge des Citronensäurecyclus

Die Initialreaktion des Citronensäurecyclus besteht in einer Kondensation der Acetylgruppe des Acetyl-CoA und der Oxalessigsäure, die durch das sogenannte *kondensierende Enzym* katalysiert wird. Unter Wasseraufnahme entsteht dabei Citronensäure, wobei Coenzym A freigesetzt wird. Wahrscheinlich bildet sich intermediär enzymgebundenes Citroyl-CoA. Das kondensierende Enzym ist in allen solchen Geweben in beträchtlicher Aktivität vorhanden, die einen hohen oxydativen Stoffwechsel besitzen. Infolge der großen Änderung der freien Enthalpie (—7720 cal) ist die Kondensationsreaktion praktisch nicht reversibel. Die Energie wird als Wärme frei und nicht zur ATP-Gewinnung verwendet. Durch das Enzym *Aconitase* wird die Citronensäure durch Isomerisierung in

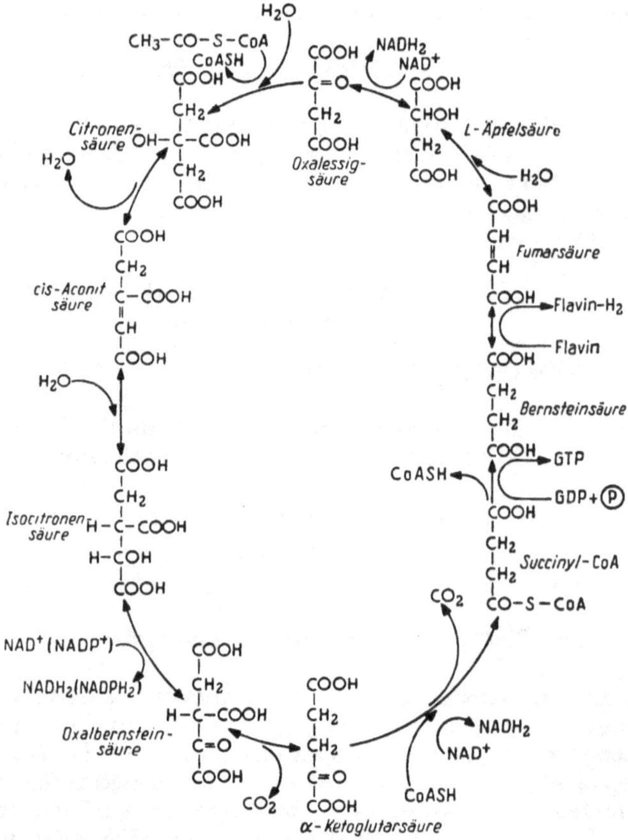

Citronensäurecyclus

Isocitronensäure umgewandelt, wobei als Zwischenprodukt cis-Aconitsäure entsteht. Die Aconitase ist ihrer Wirkungsweise nach gleichzeitig Hydratase und Isomerase. Aus dem symmetrisch gebauten Molekül Citronensäure entsteht die Isocitronensäure, die zwei asymmetrische Kohlenstoffatome besitzt.

Die Aconitase hat also die ungewöhnliche Eigenschaft, ihrem Wesen nach verschiedene Reaktionen zu katalysieren. Einerseits spaltet sie eine Hydroxygruppe von einem tertiären C-Atom (Dehydratisierung der Citronensäure) und andererseits auch von einem sekundären C-Atom ab (Dehydratisierung der Isocitronensäure).

Sie vermag zwischen chemisch identischen Gruppen des Moleküls zu unterscheiden. Daraus folgt, daß die Citronensäure an die Aconitase mit einer spezifischen Orientierung gebunden wird. Dabei müssen wenigstens drei Punkte des Substrates mit dem Enzym reagieren (Abb. 28).

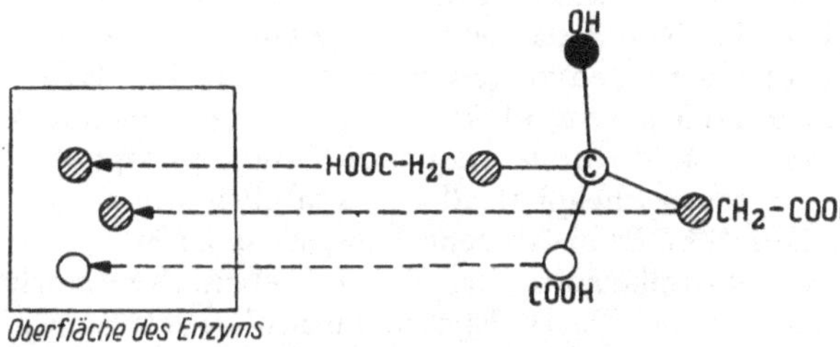

Abb. 28: 3-Punkt-Anlagerung der Citronensäure an die Aconitase

Unter der Voraussetzung, daß die zwei katalytischen Seiten des Enzyms, die die $^{-}CH_2COOH$-Gruppen tragen, unterschiedliche Eigenschaften haben, läßt sich die Asymmetrie der Aconitase-Reaktion verstehen. Als Zwischenprodukt wird ein an das Enzym gebundenes Carbonium-Ion diskutiert. In Aspergillus niger scheint die Aconitase aus zwei Enzymproteinen zu bestehen.

Ein kompetitiver Hemmstoff der Aconitase ist die Fluorcitronensäure, die in den Organen von Tieren gefunden wird, die mit Fluoressigsäure vergiftet wurden. Während letztere eine geringe Toxizität aufweist, ist die Fluorcitronensäure, welche nach Aktivierung der Fluoressigsäure zu Fluoracetyl-CoA und anschließender Kondensation mit Oxalessigsäure entsteht, eine sehr toxische

Substanz (letale Synthese). Fluorcitronensäure ist ein wichtiger Hemmstoff des Citronensäurecyclus.

In der sich daran anschließenden Reaktion wird die Isocitronensäure durch die *Isocitronensäuredehydrogenase* zu Oxalbernsteinsäure dehydriert. Es gibt $NADP^+$- und NAD^+-spezifische *Isocitronensäuredehydrogenasen.*

$NADP^+$-spezifische Isocitronensäuredehydrogenasen sind aus Hefe, Schweineherz und Mikroorganismen isoliert worden. Dieser Typ katalysiert auch die Decarboxylierung von Oxalsuccinat zur α-Ketoglutarsäure („zweiköpfiges Enzym"). Für beide Reaktionen sind Mn^{++}-Ionen erforderlich. Von dem $NADP^+$-spezifischen Enzym läßt sich aus Präparationen von Hefe, Schweineherz, Taubenbrustmuskel und Placenta eine NAD^+-Isocitronensäuredehydrogenase abtrennen. Das NAD^+-spezifische Hefeenzym, nicht aber das entsprechende Muskel-Enzym, wird durch Adenosin–5–monophosphat und anorganisches Phosphat allosterisch aktiviert.

Das $NADP^+$-spezifische Enzym ist zu 80% in der löslichen cytoplasmatischen Phase (Leber, Herz) vorhanden, während das NAD^+-Enzym ausschließlich in Mitochondrien vorkommt. Daraus folgt, daß das NAD^+-Enzym das offensichtlich wichtigere Enzym für den Ablauf des Citronensäurecyclus ist. Infolge seiner *allosterischen Eigenschaften* besitzt es für den Ablauf des Citronensäurecyclus eine äußerst wichtige *Kontrollfunktion.* ADP als allosterischer Effektor vermag die NAD^+-Isocitronensäuredehydrogenase in ihrer Aktivität zu steigern. ATP hemmt dieses Enzym kompetitiv zum NAD^+. Isocitrat ist nicht nur Substrat, sondern gleichzeitig auch Aktivator dieses Enzyms.

Durch die *α-Ketoglutarsäuredehydrogenase* erfolgt die Umwandlung der *α-Ketoglutarsäure* zu *Bernsteinsäure.* Diese Reaktion ist eine oxydative Decarboxylierung. Sie verläuft prinzipiell nach dem gleichen Mechanismus wie die Brenztraubensäuredecarboxylierung (S. 157). Unter Mitwirkung der Coenzyme der oxydativen Decarboxylierung (Thiaminpyrophosphat, CoASH, Thioctansäure,

NAD+, FAD) entsteht aktives Succinat (Succinyl-CoA):

$$\alpha - \text{KGS} + \text{CoASH} + \text{NAD}^+ \rightarrow$$
$$\text{Succinyl—S—CoA} + \text{NADH} + \text{H}^+ + \text{CO}_2$$

Dieses wird anschließend in Bernsteinsäure und Coenzym A gespalten. Dabei wird die Energie der Spaltung im Guanosintriphosphat gespeichert.

$$\text{Succinyl—S—CoA} + \text{GDP} + \textcircled{\text{P}} \rightleftharpoons \text{Succinat} + \text{CoASH} + \text{GTP}$$

In einer sich daran anschließenden *Transphosphorylasereaktion* wird ADP zu ATP phosphoryliert; das dabei entstehende GDP wird danach wieder für eine neue Phosphorylierung verfügbar. Die durch die Oxydation der α-Ketoglutarsäure freiwerdende Energie wird zunächst im Succinyl-CoA gespeichert und über das GTP auf das ATP übertragen. Dies ist ein Beispiel einer Substratphosphorylierung. Zum Unterschied zur Atmungskettenphosphorylierung ist diese nicht gegen Dinitrophenol empfindlich. Infolge der Substratphosphorylierung bei der Oxydation von α-KGS zu Succinat, die ein zusätzliches ATP-Molekül liefert, ist der P/O-Quotient der α-KGS-Oxydation nicht drei, wie bei den anderen NADH-Oxydationen, sondern vier.

Die Bernsteinsäure wird duch die *Bernsteinsäuredehydrogenase* in Fumarsäure umgewandelt. Das Enzym ist in atmenden Zellen sehr aktiv. Es ist eng mit der Atmungskette vergesellschaftet (Succinatoxydase). Dieses System katalysiert folgende Reaktionen:

$$\text{Succinat} + 2\,\text{Cyt—Fe}^{+++} \rightarrow \text{Fumarat} + 2\,\text{Cyt—Fe}^{++} + 2\,\text{H}^+$$
$$2\,\text{Cyt—Fe}^{++} + 2\,\text{H}^+ + 1/2\,\text{O}_2 \rightarrow 2\,\text{Cyt—Fe}^{+++} + \text{H}_2\text{O}$$

$$\text{Succinat} + 1/2\,\text{O}_2 \rightarrow \text{Fumarat} + \text{H}_2\text{O}.$$

Die isolierte Bernsteinsäuredehydrogenase hat ein Molekulargewicht von 175000 und enthält als Coenzym FAD, wahrscheinlich in Amidbindung. Außerdem enthält sie 4 Atome nichthämgebundenes Fe (Enzyme aus Herz und Hefe).

Die Bernsteinsäuredehydrogenase ist ein SH-Enzym. Als kompetitiver Hemmstoff der Bernsteinsäuredehydrogenase fungiert Malonsäure.

Die Fumarsäure wird durch eine Hydratase, die *Fumarase*, in L-Äpfelsäure umgewandelt. Das Enzym ist sehr spezifisch, es reagiert weder mit Maleinsäure noch mit D-Äpfelsäure.

Die Fumarase-Reaktion verläuft stereospezifisch (vgl. Aconitase-Reaktion). Dies folgt aus der Reaktion der Fumarsäure mit D_2O:

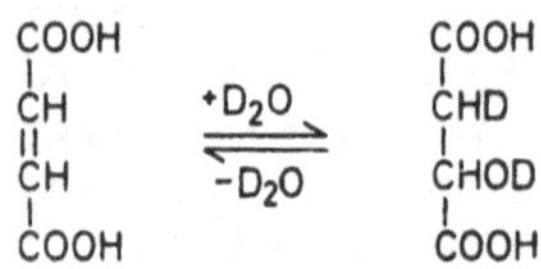

Bei der Rückreaktion verbleibt kein D im Molekül, was man erwarten müßte, wenn folgende Reaktion einträte:

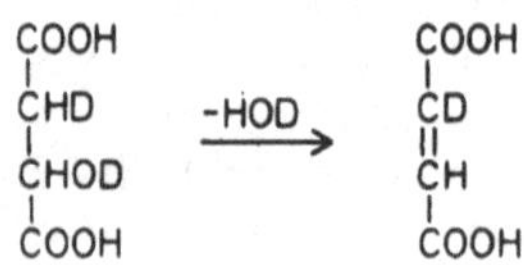

Zufügung und Entfernung des Wassers erfolgt in trans-Stellung. Mittels der *L-Äpfelsäuredehydrogenase* entsteht aus der L-Äpfelsäure die Oxalessigsäure. An dieser Reaktion ist NAD^+ als Coenzym beteiligt. Das Gleichgewicht ist zur Seite der Äpfelsäure verschoben. Mit dem Entstehen der Oxalessigsäure ist der Citronensäurecyclus geschlossen.

4.3. *Zusammenfassende Betrachtung zum Citronensäurecyclus*

Alle Reaktionen des Citronensäurecyclus sind mehr oder weniger *reversibel*. Jedoch ist unwahrscheinlich, daß sich in der lebenden Zelle aus aktiver Essigsäure und CO_2 bzw. aktiver Bernsteinsäure und CO_2, Brenztraubensäure bzw. α-Ketoglutarsäure bilden. Dies bedeutet, daß die Hauptrichtung des Citronensäurecyclus in Richtung Oxalessigsäurebildung aus Citronensäure über α-Ketoglutarsäure, Bernsteinsäure, Fumarsäure usw. verläuft.

Eine Einschätzung der Bedeutung des Citronensäurecyclus muß die stoffliche und energetische Seite der besprochenen chemischen Reaktionen berücksichtigen. Durch den Citronensäurecyclus und die sich an ihn anschließende Atmungskette kommt es, entsprechend der nachstehenden Gleichung, zur vollständigen Oxydation der Essigsäure zu CO_2 und Wasser.

$$CH_3COOH + 2H_2O + 2O_2 \rightarrow 2CO_2 + 4H_2O - 205\,\text{kcal.}$$

Die Decarboxylierungen finden auf den Stufen der Oxalbernsteinsäure und der α-Ketoglutarsäure statt. Der Wasserstoff stammt aus den vier Dehydrogenierungsschritten des Cyclus. Das in die Nettogleichung eingetragene verbrauchte Wasser stammt aus den Hydratisierungen, die im Citronensäurecyclus ablaufen. Die gewonnene freie Enthalpie entfällt vor allem auf die vier Dehydrierungsschritte, die den Hauptanteil der Energie durch die Wasserstoffoxydation beim Durchgang durch die Atmungskette liefern.

Insgesamt werden pro Mol oxydiertes Acetat 12 Mole ATP gebildet (s. S. 131). Diese verteilen sich wie folgt:

Isocitronensäure	→	Oxalbernsteinsäure	3 Mole ATP
α-Ketoglutarsäure	→	Bernsteinsäure	4 Mole ATP
Bernsteinsäure	→	Fumarsäure	2 Mole ATP
Äpfelsäure	→	Oxalessigsäure	3 Mole ATP

Im α-Ketoglutarsäure-Oxydase-System erfolgt die Bildung von 1 Mol ATP auf dem Weg über die Substratphosphorylierung und von 3 Molen ATP mittels Atmungskettenphosphorylierung. Bei der Bernsteinsäureoxydation fällt ein Phosphorylierungsschritt aus, da der Substratwasserstoff unmittelbar auf ein Flavoproteid übertragen wird. Aus diesem Grund ist der P/O-Quotient in diesem System nicht 3, sondern 2. Bei der vollständigen Oxydation der Brenztraubensäure

$$CH_3COCOOH + 2^1/_2O_2 \rightarrow 3CO_2 + 2H_2O$$

ist die Änderung der freien Enthalpie −273000 cal. Diesem Wert steht die Bildung von 15 Molen ATP gegenüber, die davon insgesamt etwa +120000 cal aufnehmen. (Über Änderungen der freien Enthalpie bei einigen Reaktionen des Citronensäurecyclus s. Tab. 13).

Tabelle 13:

Änderungen der freien Enthalpie bei einigen Reaktionen des Citronensäurecyclus

Reaktion	G (kcal)
kond. Reaktion	− 7,8
α-Ketoglutarsäure + $^1/_2$ O_2 + CoASH → Succ.-CoA + CO_2 + H_2	−60,7
Succinat + $^1/_2$ O_2 → Fumarat + H_2O	−36,2
Malat + $^1/_2$ O_2 → Oxalacetat + H_2O	−45,2
Fumarat + H_2O → Malat	− 0,9

Die zusammenfassende Betrachtung des Citronensäurecyclus muß verschiedene Gesichtspunkte berücksichtigen.

a) Der Citronensäurecyclus stellt den Hauptweg des Endabbaues der Kohlenhydrate, Fette und Eiweiße dar;

b) er verbindet die Stoffwechselwege verschiedener Substanzgruppen und verschiedene Stoffwechselcyclen untereinander;

c) er spielt eine wichtige Rolle bei der Synthese von Zellbestandteilen. Beim letzten Punkt sind vor allem die Hilfsreaktionen wichtig, die wie das Malat-Enzym oder die Oxalessigsäuredecarboxylase Carbonsäuren in den Cyclus einschleusen oder aus ihm entfernen.

Bedeutungsvoll ist, daß die einzelnen Glieder des Cyclus nur in relativ niedrigen („katalytischen") Konzentrationen in den Zellen vorhanden sind. Ihre Konzentration liegt zwischen 5×10^{-7} und 5×10^{-4} Mol pro Liter. Dies weist auf eine hohe Umsatzgeschwindigkeit dieser Säuren hin.

4.4. Vergleichende Biochemie des Citronensäurecyclus

Die Enzyme des Cyclus findet man im tierischen Körper vorwiegend in den Mitochondrien, wo sie eng mit den Enzymen der Atmungskette und der Atmungskettenphosphorylierung vergesellschaftet sind. Gewisse Ausnahmen sind die $NADP^+$-spezifische Isocitronensäuredehydrogenase, Aconitase und Fumarase, die auch im Cytoplasma vorkommen.

Trotz anfänglicher Schwierigkeiten konnte der Cyclus auch in Mikroorganismen nachgewiesen werden. Es gilt als sicher, daß der Citratcyclus auch außerhalb des Tierreiches weit verbreitet ist und den wichtigsten aeroben Abbauweg darstellt. Direkte Nachweise dieses Stoffwechselweges wurden in Hefe, in etwa 20 Bakterienarten, ungefähr 10 Pilzarten und in grünen Pflanzen geführt.

4.5. Kontrolle und Regulation des Ablaufes des Citratcyclus

Unter normalen aeroben Bedingungen kommt es nicht zu einer Akkumulation von Intermediärprodukten des Cyclus. Obgleich der Cyclus nicht die Anwesenheit von Sauerstoff braucht, hängt sein Ablauf infolge seiner engen Beziehung zur Atmungskette vom O_2-Angebot ab. Unter

Anaerobiose kommt es demnach unter Bildung der reduzierten Cofaktoren zu einem Stillstand des Cyclus. Daraus folgt, daß alle jene Faktoren, die einen Einfluß auf die Atmung haben, auch den Citronensäurecyclus indirekt beeinflussen. So ist der Cyclus auch vom Angebot an anorganischem Phosphat und ADP abhängig.

Ein wichtiger kontrollierender Schritt des Cyclus ist wahrscheinlich seine Schlüsselreaktion, die Citratbildung aus aktivem Acetat und Oxalessigsäure (KREBS). Das folgt sowohl daraus, daß eine Akkumulation von Intermediärprodukten normalerweise nicht nachweisbar sind, als auch aus der Tatsache, daß Zufuhr von Intermediärprodukten (Succinat, α-Ketoglutarat u. a.) eine Steigerung der O_2-Aufnahme in verschiedenen Geweben bewirken. Die Enzyme des Cyclus arbeiten allem Anschein nach normalerweise nicht unter Substratsättigung, also nicht bei maximaler Aktivität. Wodurch wird aber die Bildung der Citronensäure kontrolliert? In Frage kommen a) das kondensierende Enzym, b) das Acetyl-CoA und c) das Oxalacetat.

Es hängt von der jeweiligen Situation ab, welcher der drei Faktoren eine geschwindigkeitsbestimmende Rolle spielt.

Interessant ist in diesem Zusammenhang, daß bei Überproduktion von Acetyl-CoA in der diabetischen Leber ein Anstau dieses Produktes bei normaler oder erniedrigter Oxalacetatkonzentration eintritt. Diese überschüssige Bildung von Acetyl-CoA führt zur Synthese der Ketonkörper (s. Teil III).

Ein weiteres wichtiges Kontrollenzym des Citronensäurecyclus ist die NAD-spezifische Isocitronensäuredehydrogenase (s. S. 162).

4.6. CO_2-Fixierung

Quantitativ stellt die Photosynthese der grünen Pflanzen die umfangreichste CO_2-Fixierungsreaktion dar (s. Teil III). Schon lange ist aber auch bekannt, daß Pro-

1) $CH_3-CO-COOH + {}^{*}CO_2 + ATP \longrightarrow HOOC^{*}-CH_2-CO-COOH + ADP + Ⓟ$

Brenztraubensäure — Oxalessigsäure

2) $CH_3COSCoA + {}^{*}CO_2 + ATP \longrightarrow HOOC^{*}-CH_2-CO-S-CoA + ADP + Ⓟ$

Acetyl-CoA — Malonyl-CoA

3) $CH_3CH_2CoSCoA + {}^{*}CO_2 + ATP \longrightarrow CH_3CH\overset{*}{C}OOHCOSCoA + ADP + Ⓟ$

Propionyl-CoA — 2-Methylmalonyl-CoA

pionsäure-Bakterien CO_2 zu binden vermögen. Diese CO_2-Fixierung besteht in der Carboxylierung der Brenztraubensäure zu Oxalessigsäure. Nach ihren Entdeckern bezeichnet man diese Reaktion als WOOD-WERKMAN-Reaktion. Später wurde gefunden, daß auch Taubenleber und andere tierische Gewebe in der Lage sind, CO_2 zu fixieren und in organische Verbindungen einzubauen.

Von besonderer Bedeutung sind dabei die ATP-abhängigen CO_2-Fixierungsreaktionen. Genannt seien die Pyruvat-Carboxylase, Acetyl-CoA-Carboxylase und Propionyl-CoA-Carboxylase (das Sternchen am CO_2 auf S. 169 soll die Orientierung hinsichtlich seiner Anlagerung erleichtern). 2-Methylmalonyl-CoA wird durch ein anderes Enzym weiter in Succinyl-CoA verwandelt.

Charakteristisch für alle diese CO_2-Fixierungen ist, daß das Kohlendioxyd in eine COOH-Gruppe übergeführt wird. Durch die erste Reaktion kommt es (s. S. 169) zu einer Nettosynthese von Oxalessigsäure als „Anlassersubstanz" für den Citronensäurecyclus. Außerdem spielt diese Reaktion eine Schlüsselrolle im Prozeß der Gluconeogenese. Acetyl-CoA ist ein allosterischer Aktivator dieses Enzyms.

Die zweite Reaktion hat eine große Bedeutung als Anfangsreaktion für die Synthese von gesättigten Fettsäuren. Die Aktivität dieses Enzyms wird durch langkettige Fettsäuren und durch deren CoA-Derivate allosterisch gehemmt.

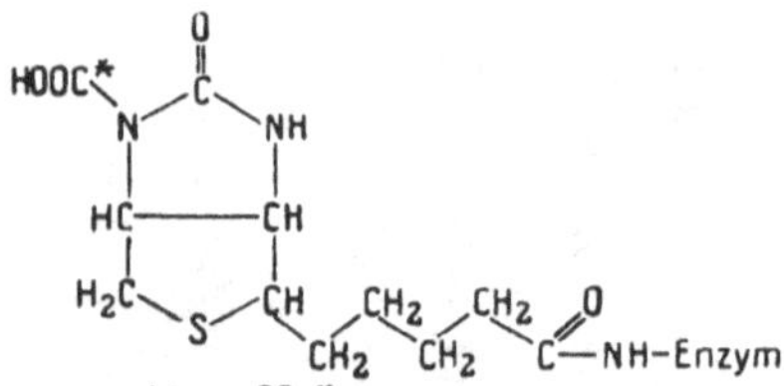

„aktives CO_2"

Das Vitamin Biotin ist als Cofaktor dieser Gruppe CO_2-fixierender Reaktionen erkannt worden. Höchstwahrscheinlich bildet sich als Zwischenprodukt „aktives CO_2", das möglicherweise einen Enzym-Biotin-CO_2-Komplex darstellt.

Die Wirkungsweise des Biotins ist die folgende:

1. ATP + CO_2 + Biotin-Enzym ⇌ $^{-}$OOC-Biotin + ADP + (P)

2. $^{-}$OOC-Biotin-Enzym + Acceptor ⇌ $^{-}$OOC-Acceptor + Biotin-Enzym

Bei Biotin-Mangel sind diese CO_2-Fixierungsreaktionen vermindert. Eine weitere Gruppe CO_2-fixierender Enzyme erfordert reduzierte Pyridinnucleotide. Sie sind biotinunabhängig, ihr Gleichgewicht liegt auf der Seite der Decarboxylierung.

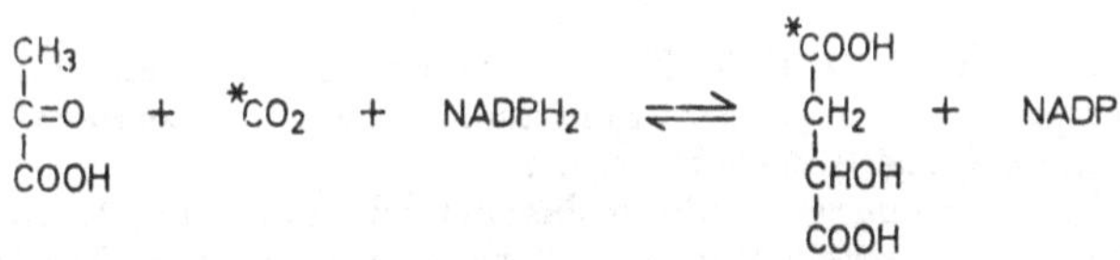

Das diese Reaktion katalysierende Enzym wird Malatenzym genannt. In diese Gruppe gehört auch die Isocitronensäuredehydrogenase (s. S. 162).

Außerdem gibt es noch eine Gruppe von Enzymen, die CO_2-Fixierungen ohne Cofaktoren zu katalysieren vermögen. Dazu gehören die Diphosphoribulose-Carboxylase (s. Kapitel Photosynthese) und die für die Gluconeogenese höchst bedeutungsvolle Phosphopyruvat-Carboxylase.

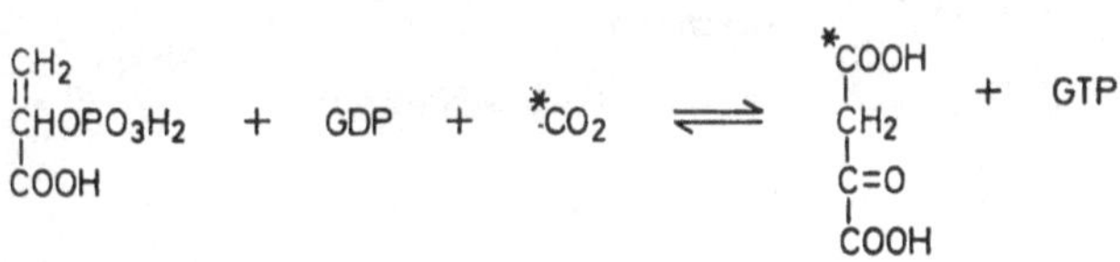

Phosphoenolbrenztraubensäure Oxalessigsäure

GTP ist stöchiometrischer Bestandteil dieser Reaktion, es ist jedoch kein Energiedonator für die CO_2-Fixierung.

4.7. Glyoxylsäurecyclus

Neben dem Citronensäurecyclus kommen in der Natur weitere cyclische Abbauwege vor, die eine verschiedene biologische Verbreitung besitzen.

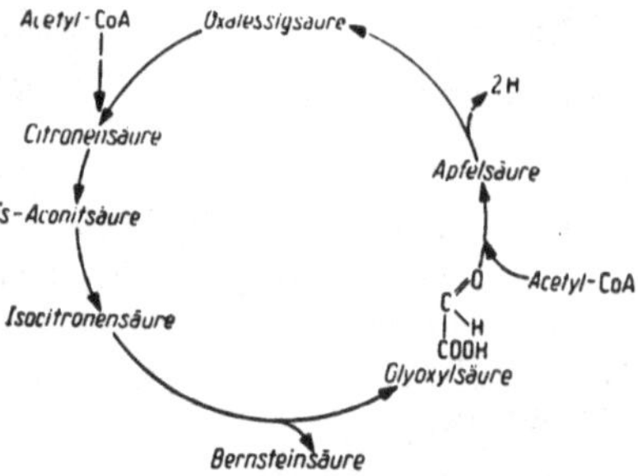

Dieser wurde in Hefe, E. coli, Aspergillus u. a. Mikroorganismen gefunden. Im gewissen Sinn kann er als „modifizierter Citronensäurecyclus" aufgefaßt werden.

Die Isocitronensäure wird in diesem Cyclus durch die „Isocitrat-Lyase" in Bernsteinsäure und Glyoxylsäure gespalten. Die Synthese von Äpfelsäure aus Glyoxylsäure und Acetyl-CoA erfolgt durch die „Malat-Synthetase". Im Tierkörper kommt dieser Stoffwechselweg nicht vor.

Der Glyoxylsäurecyclus hat Bedeutung für die Umwandlung von Fett in Kohlenhydrat im Pflanzenreich. Diese Umwandlung kommt in den Samen von Ricinus communis, im Kürbis und in der Sonnenblume vor. Die Reaktionen sind dabei folgende:

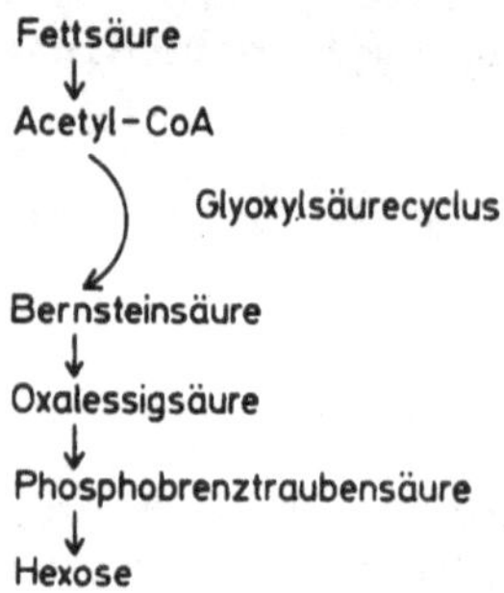

Sehr wahrscheinlich entstehen die beträchtlichen Mengen von Citronensäure, Fumarsäure, α-Ketoglutarsäure, die sich in verschiedenen Mikroorganismen aus Glucose bzw. Essigsäure bilden, über den Glyoxylsäurecyclus.

In verschiedenen Pilzen ist die Malat-Synthetase ein konstitutives Enzym, während die Isocitrat-Lyase, die die Spaltung der Isocitronensäure in Bernsteinsäure und Glyoxylsäure katalysiert, ein adaptives Enzym ist, welches nicht gebildet wird, wenn Glucose oder Bernsteinsäure im Medium vorhanden sind.

Man bezeichnet den Citronensäure- und den Glyoxylsäurecyclus als anaplerotische Stoffwechselwege. Darunter versteht man folgendes:

Die Prozesse des Endabbaues (z. B. die Atmung) vermindern die Konzentration der Zwischenprodukte der für den Kohlenhydrat-, Fett-, Eiweiß- und Nucleinsäurestoffwechsel gemeinsamen Stoffwechselwege, dasselbe geschieht durch die Prozesse der Biosynthese dieser Verbindungen. Für die Zelle entsteht das Bedürfnis, diese Stoffwechselwege mit Metaboliten ständig neu aufzufüllen. Solche Hilfswege werden nach KORNBERG als anaplerotische Stoffwechselwege bezeichnet. Im allgemeinen schließen sie die Reaktionen ein, mit denen die C_1- und C_2-Bruchstücke in die gemeinsamen Stoffwechselwege einmünden. Der Citronen- und der Glyoxylsäurecyclus haben drei Enzyme gemeinsam: Kondensierendes Enzym, Aconitase und Äpfelsäuredehydrogenase. Beide brauchen die Atmungskette für die Oxydation des $NADH_2$. Die Atmungskette und die Malatsynthetase sind die treibenden Kräfte des Glyoxylsäurecyclus. Die beiden in den Cyclus eingebrachten Acetyl-CoA-Moleküle führen zur Bildung von Succinat, das seinerseits wieder im Citratcyclus verwertet wird und zur Synthese von Kohlenhydrat bzw. Aminosäuren dienen kann oder abgebaut wird. Die Isocitratlyase wird allosterisch durch Phosphoenolbrenztraubensäure gehemmt, was die Existenz regulatorischer Wechselwirkungen zwischen diesem Cyclus und dem Kohlenhydratstoffwechsel aufzeigt.

In Bakterien, die auf Glyoxalat oder Glykolsäure als einzigster C-Quelle wachsen, dient dieser Cyclus nicht anaplerotischen, sondern nur katabolischen Zwecken.

5. Sachregister

Der Verfasser

- **behandelt die Gesetzmäßigkeiten der biologischen Katalyse und die grundlegenden Mechanismen der Enzymkatalyse**

- **gibt eine Einführung in die biochemische Thermodynamik und erläutert die Problematik der Thermodynamik offener Systeme**

- **beschreibt eingehend die Mechanismen der biologischen Oxydation und beleuchtet kritisch die Theorien über die Mechanismen der Energietransformation in biologischen Systemen**

- **vermittelt eingehende Kenntnisse über den Endabbau des Kohlenstoffgerüstes der Kohlenhydrate, Fett- und Aminosäuren und die Mechanismen der Wasserstoffanlieferung für die Atomkette (Citronensäurecyclus u. a.)**

- **wendet sich an alle Naturwissenschaftler und Mediziner, an die Studierenden der Medizin, Biochemie, Biologie, Pharmazie und Landwirtschaft sowie an Oberschullehrer**

WISSENSCHAFTLICHE TASCHENBÜCHER

FSC
www.fsc.org
MIX
Papier | Fördert
gute Waldnutzung
FSC® C083411

Zeitfracht Medien GmbH
Ferdinand-Jühlke-Straße 7
99095 Erfurt, Deutschland
produktsicherheit@kolibri360.de